陳大達（筆名：小瑞老師）●著

空氣動力學重點整理
及歷年考題詳解

作者序

一、目前航空學校甚多，但證照考試分飛丙、飛乙、CAA 以及 FAA 等，飛丙證照由於獲得證照的人數太多，對求職幾乎是沒有任何幫助。但是飛乙、CAA 以及 FAA 等證照考到的機會比考公職考試還難，而且 CAA 與 FAA 單是受訓就要二、三十萬，結訓出來還不一定找到工作。

二、一般人都以為軍公教是鐵飯碗，但是由於國家大量裁軍、社會少子化以及其他種種因素，目前以公務人員的工作最穩定。

三、公務人員的福利優渥，除了穩定的調薪制度以及可以透過升等考試向上爭取升遷的機會之外，另外還有子女教育補助、婚喪生育補助、急難貸款、公教人員優惠儲蓄存款、購置住宅輔助貸款，年終獎金和本人及眷屬公保及各項津貼等，所以許多人都紛紛報考。

四、民航特考是所有公職人員薪資最高的工作之一，但是由於考試科目除了空氣動力學與飛行原理（二選一）之外，都屬於文科，所以應考人都以文科的學生居多，但是由於其缺乏理工基礎，而坊間民航特考考試叢（套）書均註明缺空氣動力學與飛行原理的考試用書，且因民航特考的考題並未公布答案，所以讓文理工科的學生均有無從下手之感。

五、本書是針對歷年（90-100）航務管理民航人員（特）考題目做詳細解析，並依據考題做重點整理與考題預測，除此之外，針對文科學生數理觀念不足處做重點加強，相信應能讓應試學生儘快掌握考題方向與輕鬆解題。

六、本書能夠出版首先感謝本人父母陳光明先生與陳美鸞女士的大力栽培，內人高瓊瑞小姐在撰稿期間諸多的協助與鼓勵。除此之外，承蒙秀威資訊科技股份有限公司惠予出版以及黃姣潔小姐的細心編排，在此一併致謝。

民航特考介紹

一、考試等別、類科組及暫定需用名額：

　　　　公務人員特種考試民航人員考試：

1. 考試等別：三等考試及四等考試。

2. 科別及暫定需用名額：民航特考三等設飛航管制、飛航諮詢、航空通信及航務管理等四科別，四等設飛航諮詢、航空通信及航務管理等三科別。

　　暫定需用名額得視考試成績及用人需要，擇優增減錄取。用人機關如有臨時用人需要，於典試委員會決定錄取標準前，經考試院核定，得增加需用名額。

二、考試日期：

1. 第一試：預計於每年 9 月左右招考

　　惟考試日期得視外語口試應考人數及試場設置情形需要予以延長。

2. 第二試：預計於每年 12 月左右舉行，實際日期須視典試委員會決議而定。

三、考試地點：僅設臺北考區。

四、其餘考試相關規定依「公務人員特種考試民航人員考試規則」之規定辦理。

五、報名有關規定事項：

（一）報名日期：

預計於每年6月中下旬報名。

（二）報名方式：

民航特考一律採網路報名，應考人請以電腦登入考選部全球資訊網，應考人進入前項系統登錄報名資料完成後務必下載列印報名書表，連同應考資格證明文件及繳款證明等，以掛號郵寄至指定地點。

六、應考人為身心障礙者、原住民、後備軍人或低收入戶、特殊境遇家庭，應繳規費予以減半優待。

【分發單位】

民航特考順利考取後，主要分發單位為交通部民航局所屬單位。民航局目前共設有十六個航空站管轄機場業務，包括由民航局直接督導之高雄國際航空站、臺北國際航空站、花蓮航空站、馬公航空站、臺南航空站、臺東航空站、金門航空站、臺中航空站及嘉義航空站等九個航空站，以及由臺北國際航空站督導之北竿航空站與南竿航空站、高雄國際航空站督導之恆春航空站、馬公航空站督導之望安航空站與七

美航空站、臺東航空站督導之綠島航空站與蘭嶼航空站。**並不是依照居住地分發，有可能分發到其他縣市的單位。**

【薪資待遇】

　　公務人員的福利相當的優渥，除了穩定的調薪制度，亦可以透過升等考試向上爭取升遷的機會之外，另外還有子女教育補助、婚喪生育補助、急難貸款、公教人員優惠儲蓄存款、購置住宅輔助貸款，年終獎金和本人及眷屬公保及各項津貼等，此外若是進修還可以申請留職停薪等福利。此外，更令人羨慕的是，還有一筆退休金，一般而言，領退休金，每月大概可以領八成薪左右，活的越久，領的越多。近幾年民航特考皆以招考三等為主，受訓期間薪資通常以「委任四職等」給薪，大約三至四萬多，等通過訓練取得合格公務人員資格後，比照「薦任六職等」給薪，基本薪資及工作加給約五萬多左右，其餘還有獎金或加班費等福利。

contents 目次

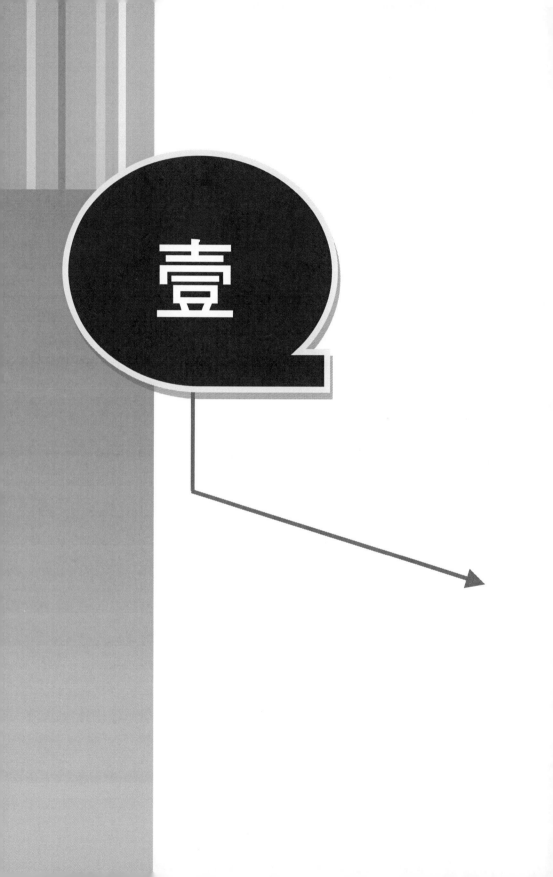

歷年考古題

參考網站：中華民國考選部網站

（網址：http://wwwc.moex.gov.tw/main/exam/wFrm
ExamQandASearch.aspx?menu_id=156&sub_menu_i
d=171）

前言

一、空氣動力學是流體力學的一個分支，其主要是研究物體運動時流場的變化與受力情形，這門科目對非機械或航空科系出身的考生而言是最棘手的科目，但只要掌握本書重點，將研讀的目標放在觀念的了解與簡易的計算。參考本書的重點整理並配合參考資料研讀後，勤做考古題，相信在民航特考時，應能獲得不錯的成績。

二、從歷年考古題中，我們可以知道歷年考古題大致可分成名詞解釋、申論題與計算題三大部份，名詞解釋最易準備與拿分，自 92 年起申論題所佔比例最高，計算題多注重觀念的瞭解。

三、從歷年考古題中，我們可以知道考試時間為二小時，考題最多只有六至七題，所以同學們解答時務求詳盡，不要簡答，同時要針對問題，依序解答，才有機會獲得高分。

四、由於 90 年的考題都是計算題，且與其後考古題類型不同，建議應試同學先從重點整理與 92 至 100 年的考古題準備好後，再行做參考 90 年考題詳解做 90 年考題。

五、在做考古題時不僅要想答案，還必須從題目中看出考題的趨勢以及相關可能衍生的問題。因此建議考生配合本書各篇的重點整理、參考資料與其後考古題解析所列舉之相關可能衍生的問題一起閱讀，以便掌握考題趨勢。

90 年民航人員考試試題 （空氣動力學第一試）

科　　目：空氣動力學

考試時間：二小時

※注意事項：

（一）不必抄題，作答時請將試題題號及答案依照順序寫在試卷上，於本試題上作答者，不予計分。

（二）禁止使用電子計算器。

一、試推導音速表示式 $a = \sqrt{(\frac{\partial P}{\partial \rho})_s}$，並說明在理想氣體情況下，音速僅為溫度的函數。

二、

（一）說明在超音速飛行時，何者為次音速翼前緣（Subsonic leading edge）？何者為超音速翼後緣（Supersonic trailing edge）？

（二）試證圖示機翼（Wing planform）形狀在 $M_\infty < \left[1 + (\frac{2c}{3b})^2 \right]^{\frac{1}{2}}$，其翼前緣為次音速翼前緣

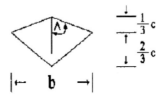

三、空氣的動黏滯性（kinematic viscosity）$\upsilon = 1.5 \times 10^{-5}\, m^2/\sec$，
$v = 20m/\sec$，$\dfrac{\partial P}{\partial x} = 0$，流過固定平板時速度分布為
$\dfrac{u}{v} = \dfrac{3}{2}\dfrac{y}{\delta} - \dfrac{1}{2}(\dfrac{y}{\delta})^3$，試求平板端緣後，$L = 0.03m$ 處，邊界層的
厚度 δ。

四、已知等熵可壓縮流在管道中流動，已知進口處 M_1=0.3，截
面積 A_1=0.001m^2，壓力 P=650 kPa，T_1=62℃，出口處
M_2=0.8，試求出口速度 V_2 及 $\dfrac{P_2}{P_1}$ 的值，並請繪出該管道的形
狀（設該流體為空氣）。

92 年民航人員考試試題

科　　目：空氣動力學

考試時間：二小時

※注意事項：

（一）不必抄題，作答時請將試題題號及答案依照順序寫在
試卷上，於本試題上作答者，不予計分。

（二）禁止使用電子計算器。

一、某飛行器的阻力與升力係數有以下關係：

$$C_D = C_{D0} + KC_L^2$$

其中 C_D 為阻力係數，C_L 為升力係數，C_{D0} 與 K 可視為常數。

證明此飛行器的最大升阻比 $(L/D)_{max}$ 與在最大升阻比的升力係數分別為：

$$(L/D)_{max} = \frac{1}{2\sqrt{KC_{D0}}}$$

$$C_{L(L/D)_{max}} = \sqrt{\frac{C_{D0}}{K}}$$

二、解釋以下名詞：

（一）庫塔條件（Kutta Condition）

（二）穿音速截面法則（Transonic Area Rule）

（三）波阻力（Wave Drag）

（四）導致攻角（Induced Angle of Attack）

三、說明：

（一）機翼為何要設計成後掠（Sweptback）的氣動力原理？

（二）後掠翼對於處於翼梢附近的控制面有何影響？

（三）後掠翼與前掠翼的設計各有何優缺點？

四、具有升力的機翼在下游處會有翼尾緣渦流（Trailing Vortex）形成，請說明翼尾緣渦流形成的原因及其對升力的影響。在機場管制飛機起降，通常要有一定的隔離時間，試問此隔離時間與上述翼尾緣渦流及飛機起飛重量有關嗎？其理為何？

94 年民航人員考試試題

科　　目：空氣動力學

考試時間：二小時

※注意事項：

（一）不必抄題，作答時請將試題題號及答案依照順序寫在試卷上，於本試題上作答者，不予計分。

（二）禁止使用電子計算器。

一、探討空氣流經飛機之空氣動力學時，可將阻力（drag）分為那四類？敘述各類阻力之來源。

二、在空氣動力學中，何謂攻角（angle of attack）？何謂彎度（camber）？繪出不可壓縮空氣流（incompressible flow）流經具有正彎度翼剖面（airfoils with positive camber）所產生之升力係數（C_L）與攻角定性關係圖，並說明該圖之特性。

三、何謂阻力發散馬赫數（drag-divergence Mach number）？何謂音障（sound barrier）？為了處理飛機接近音速飛行之大阻力問題，在飛機空氣動力學設計方面，有那些方法（列舉四種）？

四、何謂襟翼（flap）？何謂 leading edge slat？其在飛機上主要
　　用途為何？其原理為何？

五、以民航客機波音 747 及英法合製協和號（Concorde）飛機
　　為例，敘述此二飛機之機頭、機翼、機身及引擎進氣道等
　　外型特徵。就空氣動力而言，說明為何有此設計上差異？
　　協和號客機自 70 年代服役後，到目前為止，為何未再有類
　　似協和號商業客機服役？

95 年民航人員考試試題

科　　目：空氣動力學

考試時間：二小時

※注意事項：

（一）不必抄題，作答時請將試題題號及答案依照順序寫在
試卷上，於本試題上作答者，不予計分。

（二）禁止使用電子計算器。

一、請針對一速度為不可壓縮流之機翼剖面（Airfoil），詳細說
明其產生升力之機制，在你的敘述中請務必包含庫塔條件
（Kutta Condition）之討論。

二、何謂流線（Streamline）及流線函數（Stream Function）？
請詳述此二者之關係及其物理意義。

三、何謂平均空氣動力弦長（Mean Aerodynamic Chord）？何謂
空氣動力中心（Aerodynamic Center）？當飛行器速度由馬
赫數 0.3 增加到 1.4 時，其空氣動力中心位置有何變化？

四、請詳細說明下列空氣動力裝置之外形、功能或目的

　　（一）翼端小翼（Winglet）

　　（二）超臨界機翼剖面（Supercritical Airfoil）

五、請詳述在超音速時，各種震波（Shock Waves）及膨脹波
　　（Prandtl-Meyer Expansion Waves）之產生機制及其影響，
　　吾人如何減緩其影響？

96 年民航人員考試試題

科　　目：空氣動力學

考試時間：二小時

※注意事項：

（一）不必抄題，作答時請將試題題號及答案依照順序寫在試卷上，於本試題上作答者，不予計分。

（二）禁止使用電子計算器。

一、

（一）請列出白努力方程式（Bernoulli's Equation）？

（二）請寫出其方程式之基本假設。

（三）試問世上可有流體「無黏性」？

（四）具黏性流體可否應用白努力方程式？

二、何謂流線（streamline）？痕線（streakline）？及軌跡線（pathline）？試問噴射機在天空留下的飛行雲為何者？在何種狀態下此三者會相同？

三、一般航空器機翼會加裝襟翼（flap）

（一）試繪出兩種襟翼剖面示意圖。

（二）其操作時對升力和阻力的影響及主要用途為何？

（三）試繪出升力係數（C_L）與機翼衝角（attack angle, α）
定性關係圖，並說明襟翼操作時之特性變化。

四、協和（Concorde）號飛機是世界上至今最高速的載客航空
器，最高速度可超過馬赫數 2。請說明何謂跨音速
（transonic）？何謂音障？並請繪出超音速航空器其阻力係
數與馬赫數之定性關係圖。

97 年民航人員考試試題

科　　目：空氣動力學
考試時間：二小時
※注意事項：
　　（一）不必抄題，作答時請將試題題號及答案依照順序寫在
　　　　　試卷上，於本試題上作答者，不予計分。
　　（二）禁止使用電子計算器。

一、飛機飛行時主要有那四種力作用在飛機上？由此四種力的
　　角度，敘述飛機為什麼會飛。

二、繪出一典型機翼剖面（airfoil），標示出「mean camber line」、
　　「camber」、「chord line」及「chord」，並說明各名詞之
　　定義。什麼是「NACA 2412 airfoil」？

三、高爾夫球飛行時，有那兩種阻力作用在球上？由空氣動力
　　學的角度，說明高爾夫球表面為何設計成凹凸面。

四、何謂勢流（potential flow）？何謂速度勢（velocity potential）？

如何由速度勢得到流場之速度分量？在空氣動力學中，速度勢與流線函數（stream function）在應用範圍有那兩方面主要差異？

五、空氣動力學中，由面積－速度關係[$\frac{dA}{A} = (M^2 - 1)\frac{du}{u}$]，可得到那些重要訊息？根據面積－速度關係，說明超音速噴射飛機噴嘴（nozzle）設計理念？

六、何謂臨界馬赫數（critical Mach number）？機翼的厚薄與臨界馬赫數大小有何關聯？何謂面積準則（area rule）？在探討可壓縮流中，何謂 Prandtl-Glauert rule？

98 年民航人員考試試題

科　　目：空氣動力學

考試時間：二小時

※注意事項：

（一）不必抄題，作答時請將試題題號及答案依照順序寫在
試卷上，於本試題上作答者，不予計分。

（二）禁止使用電子計算器。

一、試說明為何近代高性能民航機的巡航速度多設定在穿音速
（Transonic Speed）區間；在此音速附近，翼表面的空氣動
力特徵為何？請以馬赫數為參數，說明升力係數與阻力係
數在由次音速跨越至超音速時的特徵趨勢變化。

二、雁群飛行時會自然形成一「人」字形狀編隊飛行，試說明
其理由為何？在民航界，有人提出為解決機場容量不足，
若要增加起降次數，可以採取類似鳥類的編隊飛行模式，
你認為可行嗎？請說明可行或不可行的理由。

三、何謂展弦比（Aspect Ratio）？試說明翼展對空氣動力特性
的影響。

四、說明為何翼剖面（Airfoil）皆選擇尖銳的尾緣（Trailing Edge）設計。

五、何謂襟翼（Flap）？為何在飛機起降時段皆會放下襟翼，並解釋襟翼角度變化時對機翼升、阻力及空氣動力中心的影響。

100 年民航人員考試試題

科　　目：空氣動力學

考試時間：二小時

※注意事項：

（一）不必抄題，作答時請將試題題號及答案依照順序寫在
試卷上，於本試題上作答者，不予計分。

（二）禁止使用電子計算器。

一、一般稱誘導阻力（induced drag）為因升力而產生之阻力
（drag due to lift），請解釋此阻力之成因為何？

二、何謂庫塔條件（Kutta Condition）？試說明其與升力產生的
關聯。

三、機翼上之高升力裝置有那些？請舉出兩例並說明其增加升
力是應用了那些機制。

四、何謂壓力中心（pressure center）與空氣動力中心（aerodyn
amic center）？

五、在同一圖中繪出一對稱二維翼形（airfoil）與三維對稱機翼（wing）的升力係數曲線，亦即，升力係數隨攻角（Angle of attack）變化（C_L vs. α）之分布圖。請標明零升力攻角所在位置，並解釋此二曲線之異同。

六、一弦長（chord）為 2 m，翼面積為 16 m^2 之 NACA 0009 機翼於海平面高度（$\rho = 1.23$ kg/m^3）之速度為 50 m/s。若不考慮翼尖之三維效應，在總升力為 6760 N（牛頓）使用薄翼理論下（$C_L = 2\pi\,\alpha$），其攻角應該是幾度（degree）？

七、一不可壓縮流場之速度為 $u = x^2 + y^2$，$v = -2xy+3x$。請問是否存在流線函數 φ（stream function）與速度勢 ψ（velocity potential）？若存在，請問為何？

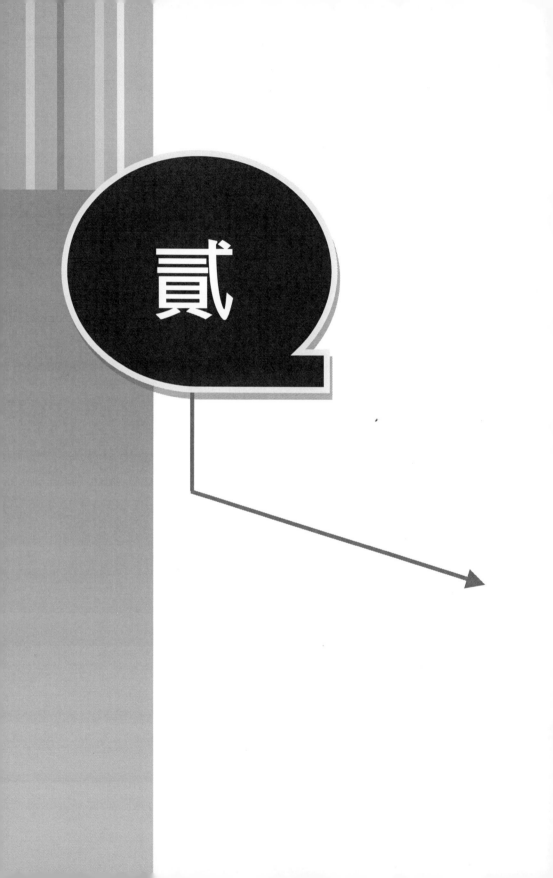

貳

重點整理

一、基本觀念篇

    空氣動力學是流體力學的一個分支，所以要學好空氣動力學就必須對流體的性質及特性有清楚而完整的觀念。本篇為築基課程，惟有熟悉本章內容，才有可能對後續章節的研讀達到事半功倍的效果，所以本書在本章將先針對「流體的性質及特性」做介紹，希望同學能夠用心研讀。

（一）質量（m）

    衡量物體所具有的惰性效應的物理量。其公式定義如下：$m = \dfrac{W}{g}$；在此 W 為重量，g 為重力加速度。

（二）密度（ρ）

    為單位體積內的質量。其公式定義如下：$\rho \equiv \dfrac{m}{V}$；在此 m 為質量，V 為體積。

（三）比容（v）

    為單位質量內的體積，其公式定義如下：

$$v \equiv \frac{V}{m}$$

PS1：從（一）、（二）及（三）可知密度 ρ、體積 V、比容 v 與重量 W 之間的關係為 $W = \rho Vg = \frac{V}{v}g$

PS2：從（一）、（二）及（三）可知密度 ρ、比容 v 與質量 m 彼此間的關係為 $\rho = \frac{1}{v}$ 或 $v = \frac{1}{\rho}$ 以及 $m = \rho V = \frac{V}{v}$

（四）單位重量 γ（specific weight）

單位體積內的重量，其公式定義如下：

$$\gamma \equiv \rho g$$

（五）比重 S（specific gravity）

為某一物質的密度與 4°C 時的水的密度的比值，其公式定義如下：

$$S \equiv \frac{\rho}{\rho_{Water;4^0c}}$$

PS1：若液體的比重>1，則液體會漂浮在水上。例如：油。

PS2：水的密度一般用 $1000 kg / m^3$ 表示。

（六）壓力（P）

為單位面積上的所受到的正向力（垂直力）。

1. 壓力所使用的單位有

N/m^2 或 Pa（pascal）　　　　　　　　　　（公制）

psi（pound/inch^2）或 lb/ft^2（pound/foot^2）　　（英制）

2. 流體壓力的量度方式有

（1）**絕對壓力**：以壓力絕對零值（絕對真空）為基準所量度的
　　壓力。

（2）**相對壓力**：以當地（local）的大氣壓力為基準所量度的壓
　　力。或稱錶示壓力（gage pressure）。

　PS1：絕對壓力與絕對壓力之間的轉換關係為：

$$P_{絕對壓力} = P_{大氣壓力} + P_{錶示壓力}$$

　PS2：通常在空氣動力學的計算中，使用公式用的壓力都是
　　　　絕對壓力，必須特別注意。

（七）溫度（T）

　　　用以衡量物體冷熱程度的特性參數，其溫度轉換的公式分
列如下：

$$^0F = \frac{9}{5} \times {}^0C + 32$$

$$K = {}^0C + 273.15 \quad（公制的溫度轉換）$$

$$^0R = {}^0F + 459.67 \quad（英制的溫度轉換）$$

　PS：　通常在空氣動力學的計算中，使用公式用的溫度都是
　　　　絕對溫度（也就是 K 與 ^0R），同學必須特別注意。

（八）黏滯性（viscosity）

當相鄰兩流體質點發生相對性的運動時，質點之間具有一性能會試圖阻止此一流動，該性能稱為流體的黏滯性（viscosity）。

PS：流體的黏滯性會隨著溫度改變，液體的黏滯性會隨著溫度的升高而降低，氣體的黏滯性會隨著溫度的升高而增加。

（九）牛頓流體的定義

在定溫及定壓下，剪應力與流體之速度梯度成正比之流體；也就是滿足牛頓黏滯定律之流體。

PS：在空氣動力學或飛行原理的計算中，我們在討論飛機飛行運動時，一般都將空氣視為牛頓流體。

（十）連續體（continuum）

連續體之觀念是假設流體的性質變化非常平滑，以致於我們可以用微積分的方法解析之。

PS：不適用條件：非常稀薄的流體（如高空或真空）的流體不適用。

（十一）流線、煙線、跡線以及時線之定義

1. **流線**（stream line）：在流線的每一點的切線方向，為流體分子的速度方向。

2. **煙線**（streak line）：流經特定位置的所有質點所形成的軌跡。

3. **跡線**（path line）：某一特定質點的真正軌跡。

4. **時線**（Time line）：同一時間流出的所有質點所形成的軌跡。

    PS1：在穩流狀態下，流線（stream line）、煙線（streak line）以及跡線（path line），三者必合而為一。

    PS2：由於「煙線」與「跡線」在坊間書籍與民航考題翻譯多不相同，但民航考題在此二個名詞後都會做括弧附上英文，應試學生必須注意。

（十二）流線函數（Stream Function）

    若流場為二維不可壓縮流場，也就是：$\nabla \bullet \vec{V} = 0$，則 $u = \dfrac{\partial \varphi}{\partial y}, v = -\dfrac{\partial \varphi}{\partial x}$，$\varphi$ 即為流線函數。

    PS：流場流動一定會有流線存在，而流線函數是基於二維不可壓縮流場的假設求出，二者均可藉以求出流場的速度。

（十三）勢流（potential flow）

    若流場為二維非旋性流場，也就是：$\nabla \times \vec{V} = 0$，我們稱此流場為勢流。

（十四）速度勢（velocity potential）

    若流場為二維非旋性流場，則存在 $\vec{V} = \nabla \phi$ 的關係式，ϕ 即為速度勢。

（十五）絕對黏度／動力黏度（absolute viscosity／dynamic viscosity）

根據牛頓黏滯定律 $\tau = \mu \dfrac{du}{dy}$，在此我們稱 μ 為絕對黏度。

（十六）運動黏度（kinematics viscosity）

根據牛頓黏滯定律 $\tau = \mu \dfrac{du}{dy}$，在此我們稱 $\nu = \dfrac{\mu}{\rho}$ 為運動黏度。

（十七）帕斯卡原理的定義（流體在靜止時壓力之傳遞／千斤頂之原理）

對密閉容器施加壓力，壓力會傳遞到容器的每一個位置，且不論任何方向，壓力都相同。

（十八）邊界層厚度的定義

若流體的速度為 u（y），y 為該點和固定表面的距離，而流體在不受黏滯力影響的速度為自由速度 u_o，則可依下式定義邊界層厚度（也稱作速度邊界層厚度）δ，即速度到達 99%自由速度 u_o 的位置，也就是 u（δ）= $0.99u_o$。

（十九）吹除厚度 δ*的定義

因為邊界層效應的影響而造成外圍流線的微小位移，我們稱之為吹除厚度（displace thickness）。其公式定義如下：

$$\int_0^h \rho u_0 b dy = \int_0^\delta \rho u b dy \; ; \; \delta^* = \delta\text{-}h$$

（二十）邊界條件的設定

1. **無滑流現象**（No Slipping Condition）：由於分子與分子間的交互作用，和壁面接觸的流體分子，會和壁面達到動量平衡；也就是：和壁面接觸的流體分子，它的速度與溫度會和壁面相同。這就叫做無滑流現象。

2. **無溫度跳動現象**（No Temperature Jumping Condition）：由於分子與分子間的交互作用，和壁面接觸的流體分子，會和壁面達到能量平衡；也就是：和壁面接觸的流體分子，它的溫度會和壁面相同。這就叫做無溫度跳動現象。

（二十一）因次的齊次性

凡能描述某一物理現象之方程式，其在因次上，必須是齊次的。也就是說，在此方程式中的每一項，因次都必須相同。這可用來作為判定一個方程式是否正確準則。

（二十二）物體與模型的相似性

1. **幾何相似**：幾何相似所關心的是一長度因次{L}，在任何敏感之測試幾何相似是必須的，其定義如下：若模型和原型二者在三個座標軸上所有之對應尺寸均成相同之線性比例，則稱模型和原型成幾何相似。不僅如此，幾何相似還必須滿足模型和原型二者對應之角度必須不變，所有流動之方向必須完全對應相同。也就是說相對於環境之方位必須完全對應相同。

2. **運動相似**：運動相似是指模型和原型二者具有相同之長度比例以及相同之時間比例；也就是具有相同的速度比例。

3. **動力相似**：動力相似是指模型和原型二者具有相同之長度比例，相同之時間比例及相同之力量比例或質量比例，則稱模型和原型二者為動力相似。

（二十三）雷諾數的定義

$R_e = \dfrac{\rho VL}{\mu} = \dfrac{VL}{\upsilon}$，在此 V 代表的是速度，L 代表的是長度，$\rho$ 代表的是密度，μ 為絕對黏度，ν 為運動黏度。

（二十四）馬赫數的定義

$M_a \equiv \dfrac{V}{a}$，在此 V 代表的是速度，a 代表的是聲（音）速。

PS1：在民航考試常考的名詞解釋是「次音速流（Subsonic flow）、穿音速流（Transonic flow）與超音速流（Supersonic flow）」的意義，這個題目本來是送分題（觀念題），但多數同學因為受到某些網路或補習班解題的影響，均在考試回答「Ma>1 為超音速、Ma=1 為音速、Ma<1 為次音速」，以致原本可輕鬆得分的，卻連一分都無法獲得，殊為可惜，也因為觀念錯誤，導致許多衍生考題都造成連帶錯誤。

PS2：「次音速流、穿音速流與超音速流」的意義請參考本書「名詞解釋篇」，這個觀念在民航考試衍生了無數的相關考題，說是民航考試的主題之一也不為過。

二、名詞解釋篇

　　民航特考三等考試_航務管理空氣動力學這個科目最容易得分的考題就是「名詞解釋」的考題。但大多數的考生因為未能掌握重點，以致於無法作答，更連帶地因為名詞解釋不熟悉，導致申論題與計算題看不懂，而無法得分。有鑑於此，本書將歷年考題所常見之名詞解釋綜整後分成飛機構造、飛機機翼、飛機受力情況、飛行速度區域以及航空發動機類共五個部份，方便應考學生記憶與學習。茲分述如下：

飛機構造

　　在本部份主要是將飛機構造、六個自由度的觀念以飛機控制面原理的「重要名詞解釋」加以綜整，方便同學記憶，內容分述如下：

（一）飛機的基本構造

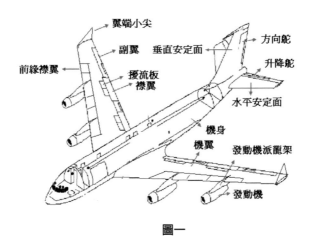

圖一

1. **垂直安定面**（Vertical stabilizer）：飛機的垂直安定面的作用是使飛機在偏航方向上（即飛機左轉或右轉）具有靜穩定性。

2. **水平安定面**（Horizontal Stabilizer）：飛機的水平安定面的作用是使飛機在俯仰方向上（即飛機擡頭或低頭）具有靜穩定性。

3. **升降舵**（Elevator）：是使機頭上下移動之控制面。

4. **方向舵**（Rudder）：是使機頭左右移動之控制面。

5. **副翼**（Airelon）：是使機身左右滾轉之控制面。

6. **襟翼（又稱後緣襟翼；Flap）**：主要功能為增加機翼的彎度與面積使其增加升力（同時也會產生阻力），一般用於起飛時，增加升力以及下降時，增加阻力。

   PS：對具有襟翼之機翼而言，襟翼放出時可使機翼面積加大，同時加大有效攻角，故升力增加，但同時阻力也一併增加了。所以如何在適當的時機將襟翼放下至正確的角度是相當重要的。例如在起飛時，襟翼最多只能放出大約全行程的三分之一到一半，以增加升力而不增加太多的阻力；但降落時則同時須增加升力與阻力以減低速度並保持足夠之升力，所以經常被放到全行程位置。

7. **前緣襟翼（leading edge slat）**：正常工作時與機翼主體產生縫隙，可使機翼下表面部分空氣流經上表面，從而延遲機翼上表面流體分離現象的出現，藉以增加機翼的失速攻角（或臨界攻角），使飛機在以高攻角的情況下以高升力起飛。

8. **擾流板（Spoiler panel）**：安裝在機翼上表面可被操縱打開的平板，可用於減小升力、增加阻力和增強滾轉操縱。當兩側機翼的擾流板對稱打開時，此時的作用主要是增加阻力和減小升力，從而達到減小速度、降低高度的目的，因此也被稱為減速板；而當其不對稱打開時（通常由駕駛員的滾轉操縱而引發），兩側機翼的升力隨之不對稱，使得滾轉操縱功效大幅度增加，從而加速飛機的滾轉。

9. **翼端小翼（Winglet）**：設置在翼尖處，並向上翹起之平面，能透過改變翼尖附近的流場從而削減翼尖因上下表面壓力不同所產生之渦流。

（二）六個自由度的觀念

　　如圖二所示，飛機是三度空間的自由體，所以有六個自由度，簡單來說就是沿三個坐標軸的移動和繞三個坐標軸的轉動。從圖二中，我們可以看出縱軸（Longitudinal axis）、側軸（Lateral axis）與垂直軸（Vertical axis）之定義。在飛機的運動中，所謂俯仰（Pitch）是指飛機上下移動，偏航（Yaw）是指飛機左右移動，滾轉（Roll）是指飛機的翻轉運動。

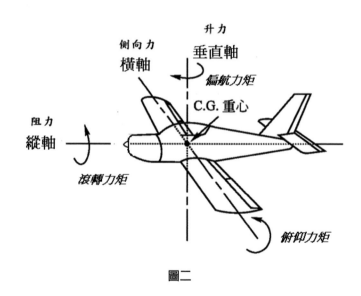

圖二

（三）飛機控制面原理（柏努利方程式）

1. **通用公式：** $P + \frac{1}{2}\rho V^2 = P_t$

2. **靜壓、動壓及全壓之定義**

   (1)**靜壓：** 根據柏努力方程式 $P + \frac{1}{2}\rho V^2 = P_t$，在此「P」我們稱之為靜壓，是指當時的大氣壓力。

   (2)**動壓：** 根據柏努力方程式 $P + \frac{1}{2}\rho V^2 = P_t$，在此「$\frac{1}{2}\rho V^2$」我們稱之為動壓，v 是指飛機飛行速度所產生的壓力。

   (3)**全壓：** 根據柏努力方程式 $P + \frac{1}{2}\rho V^2 = P_t$，在此「$P_t$」我們稱之為全壓，是指靜壓與動壓的總和。

飛機機翼

　　在本部份主要是將機翼結構、機翼理論以及飛機失速等方面的「重要名詞解釋」加以綜整，方便同學記憶，內容分述如下：

（一）機翼結構（請參照圖三及圖四所示）

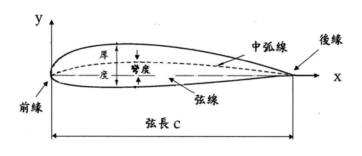

機翼剖面的名詞定義

圖三

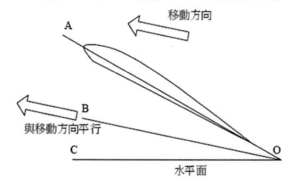

圖四

1. **弦線**（Chord line）：機翼前緣至後緣的連線，我們稱之為弦線；機翼前緣至後緣的距離，我們稱之為弦長（chord），一般以 c 表示。

2. **中弧線**（Mean camber line）：機翼上下表面垂直線的中點所連成的線，我們稱之為中弧線。

3. **厚度**（Thickness）：機翼上下表面之距離。

4. **相對厚度**：機翼最大厚度與弦長的比值。

5. **彎度**（Camber）：機翼中弧線最大高度與弦線之間的距離。

6. **攻角**（Angle of Attack；A.O.A）：自由流與弦線的夾角。

7. **展弦比**（Aspect Ratio）：翼展和標準平均弦長的比值，我們命名為展弦比。

8. **平均空氣動力弦長**（Mean Aerodynamic Chord）：所謂弦長（chord）是指機翼前緣與後緣之間的距離，一般飛行器從翼根到翼間各個位置的翼弦長度不盡相同，在分析飛行器的性能時，通常使用其平均值，這就是平均空氣動力弦長（Mean Aerodynamic Chord）的意義。

9. **重心**（CG，Center of Gravity）：飛機各部分重力的合力著用點，稱為飛機的重心。重力作用力點所在的位置，叫重心位置。重心具有以下特性：
   ①飛機在飛行中，重心位置不隨姿態改變。
   ②飛機在空中的一切運動，無論怎樣錯綜複雜，總可以將其視為隨著飛機重心移動或繞著飛機重心的轉動。

10. **壓力中心**（CP, Center of Pressure）：在翼剖面上可以找到一個位置，在此處只有升力和阻力這些空氣動力作用力

（aerodynamic forces）而沒有空氣動力力矩（aerodynamic moment），這個位置就是壓力中心（CP, Center of Pressure），換句話說，翼剖面產生的升力和阻力都作用在 CP 上。

11. **空氣動力中心**（AC, Aerodynamic Center）：一般而言，空氣動力力矩是攻角 α 的函數。但在翼剖面上有一點，會讓力矩不隨著攻角 α 而變，此點就是空氣動力學中心（AC, Aerodynamic Center）。

    PS1：空氣動力中心為一不受攻角影響之位置，當為次音速時，其為 1/4 翼表面位置，超音速時，為 1/2 翼表面位置。

    PS2：傳統飛機的穩定性設計，使飛機的空氣動力中心（或升力中心）作用於飛機的重心後面，如此的設計可使飛行攻角增大，升力增加的同時，飛機隨即產生一個「下俯」的力矩，以穩定飛行姿態避免飛機攻角持續增大，如此的設計可使當飛機飛行的攻角增大，升力增加時，有回到原來的平衡狀況的趨勢。

    PS3：高性能的戰鬥機通常設計成靜態不穩定的狀態，也就是空氣動力中心在前，重心在後。它的優點是操縱靈敏，缺點是難以控制。

    PS4：穩定性分為靜態和動態兩種。一架靜態穩定的飛機，當它因為擾動而偏離平衡點時，會有自己向平衡點回復的趨勢，接下來就有如簡諧運動，飛機在平衡點附近來回擺盪。這時就必須看動態穩定性，如果是動態

穩定的飛機，那麼除了向平衡點回復以外，在平衡點附近擺盪的幅度也會逐漸減小。

（二）機翼理論

1. 升力、阻力與升力係數與阻力係數之間的關係式

$$L = \frac{1}{2}\rho V^2 C_L S \;;\; D = \frac{1}{2}\rho V^2 C_D S$$

在此 L、D、ρ、V、C_L、C_D、S 分別為升力、阻力、空氣密度、空氣速度、升力係數、阻力係數與機翼面積。

2. 二維機翼升力的計算（也就是無限翼展狀況下 C_L 的計算）

$$C_{L,理論} = 2\pi \sin(\alpha + \frac{h}{c})$$，在此 α 為攻角，$\frac{h}{c}$ 為最大彎度。若為對稱機翼 $\frac{h}{c}$ 為 0。

因 α 非常小，$\sin\alpha \approx \alpha$ 所以若為對稱機翼且在無限翼展狀況下，$C_L = 2\pi\alpha$，此即有名之**薄翼理論**。

PS：薄翼理論在民航特考「空氣動力學」與「飛行原理」科目均有考過，且考過不只一次，希望學生加以熟記。

（三）飛機失速

1. 失速的定義： 在低攻角的時候，升力會隨著攻角上升，但是到達臨界攻角時，機翼會產生流體分離現象，此時，升力會大幅下降，飛機將無法再繼續飛行，我們稱之為失速（Stall）。

2. **臨界攻角的定義：** 在低攻角的時候，升力會隨著攻角上升，但是攻角到達某一度數時，機翼會開始產生流體分離現象，造成飛機失速，我們稱此一攻角為臨界攻角（Critical Angle of Attack）。

3. **最大升力係數：** 飛機到達臨界攻角時，所對應的升力係數，我們稱之為最大升力係數（$C_{L\max}$）

飛機受力情況

飛機飛行所受的四種力為升力（Lift）、阻力（Drag）、推力（Trust）及重力（Weight），在本部份主要是將升力、阻力以及推力方面的「重要名詞解釋」加以綜整，一般而言在設計飛機時，我們希望提高升力與推力，降低阻力，希望各位同學掌握此要點準備。內容分述如下：

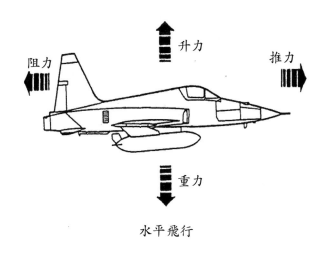

圖五

PS1：飛機飛行所受的四種力千萬不要和「飛機飛行所受的四種阻力」攪混。

PS2：飛機飛行所受的四種力千萬不要和「從六個自由度的觀點來看飛機飛行時所受之三力與三力矩」攪混。。

（一）升力部份

1. **凱爾文定理**（Kelvin's Circulation Theorem）：對於無黏性流體渦流強度不會改變。我們稱為凱爾文定理。

2. **庫塔條件**（Kutta-Condition）：對於一個具有尖銳尾緣之翼型而言，流體無法由下表面繞過尾緣而跑到上表面，而翼型上下表面流過來的流體必在後緣會合。如果後緣夾角不為 0，則後緣為停滯點，表示速度為 $V_1 = V_2 = 0$（因為沿流線方向則速度會有兩個方向，對同一後緣點而言不合理，所以只能為 0），如果後緣夾角為 0，同一點 P 相等，則 $V_1 = V_2 \neq 0$，由上述也可知，在尖尾緣處，其上下翼面的壓力相等。

3. **失速**（Stall）：在低攻角的時候，升力會隨著攻角上升，但是到達臨界攻角時，機翼會產生流體分離現象，此時，升力會大幅下降，飛機將無法再繼續飛行，我們稱之為失速。

4. **臨界攻角**（Critical Angle of Attack）：在低攻角的時候，升力會隨著攻角上升，但是攻角到達某一度數時，機翼會開始產生流體分離現象，造成飛機失速，我們稱此一攻角為臨界攻角。
   PS：飛機失速與發動機失速原因千萬不要攪混。

（二）阻力部份

1. **形狀阻力／壓力阻力**（Form drag／Pressure drag）：物體形狀所造成的阻力（物體前後壓力差引起的阻力），飛機做得越流線形，形狀阻力就越小。

2. **摩擦阻力**（Skin friction drag）：空氣與飛機摩擦所產生的阻力。

3. **干擾阻力**（Interference drag）：空氣流經飛行物各組件交接點時所衍生出來的阻力。

   PS：其中形狀阻力及表面摩擦力之和也稱為型阻（profile drag），而寄生阻力（Parasitic drag）＝形狀阻力＋摩擦阻力＋干擾阻力。

4. **誘導阻力**（Induced drag）：機翼的翼端部因上下壓力差，空氣會從壓力大往壓力小的方向移動，而從旁邊往上翻，因而在兩端產生渦流，因而產生阻力。

   PS：當飛機接近地面時誘導阻力減少，翼端升力增大可延長滑行距離，這種效果叫地面效應，越接近地面效應越明顯。

5. **（震）波阻力**（Wave Drag）：因為震波的形成所產生的阻力，我們稱之為波阻力（Wave Drag），通常在馬赫數到達 0.8 的時候，震波開始出現，此時我們必須考慮波阻力造成的影響。

6. **導致攻角**（Induced Angle of Attack）：機翼的翼端部因上下壓力差，空氣會從壓力大往壓力小的方向移動，而從旁邊往上翻，使得有效攻角變小，並造成額外的阻力，我們稱這種阻

力為誘導阻力，而原本的攻角與有效攻角之差為導致攻角（Induced Angle of Attack）。

PS：在民航考題出題老師將「Induced Angle of Attack」翻譯成「導致攻角」，但許多書籍翻譯成「誘導攻角」，因為此現象是誘導阻力所造成的。

7. **尾流效應**（Wake effect）：當機翼產生升力時，機翼下表面的壓力比上表面的大，而機翼長度又是有限的，機翼的翼端部因上下壓力差，所以下翼面的高壓氣流會繞過兩端翼尖，向上翼面的低壓區流去，就造成由外往內的渦流。跟在大飛機後面起降的小飛機，如果距離太近會被捲入大飛機留下翼尖渦流中，而發生墜機事故。這也就是機場航管人員管制飛機起降，通常要有一定隔離時間的原因。

8. **翼端小翼**（Winglet）：設置在翼尖處，並向上翹起之平面，能透過改變翼尖附近的流場從而削減翼尖因上下表面壓力不同所產生之渦流。

9. **超臨界機翼剖面**（Supercritical Airfoil）：飛機巡航速度受到穿音速時阻力驟增的限制，利用後掠翼可使機翼的臨界馬赫數增加，到 0.87 左右（傳統翼型約為 0.7），若想要更延遲臨界馬赫數，則一個重要方法為使用超臨界機翼，目前超臨界翼型可使飛機在馬赫數到 0.96 左右，上表面才會出現馬赫數等於 1 的現象，且機翼上曲面局部超音速現象會被消彌，也就是無震波出現。超臨界機翼的特徵為上表面比較平坦，使得飛機飛行的速度速度超過臨界馬赫數後，為一無明顯加速的均勻超音速區域，由於上表面較平坦，所以升力減小，為了

補足升力，一般會將後緣的下表面做成內凹以增加後段彎度，其能增加升力。

（三）飛機在平飛時不同的推力分類

1. **需求推力**（Required Thrust）：飛機在特定高度下平飛時所需要的推力，此時飛機所需的推力等於阻力。
2. **可用推力**（Available Thrust）：飛機在特定高度下平飛，不同空速下發動機所能提供的最大推力值。
3. **剩餘推力**（Excess thrust）：飛機可用推力減去需求推力後的剩餘推力值。

飛行速度區域

（一）音（聲）速

1. 定義：所謂音速是指聲音傳播的速度，其定義為

$$a \equiv \sqrt{\left.\frac{\partial P}{\partial \rho}\right|_S} = \sqrt{\left.r\frac{\partial P}{\partial \rho}\right|_T}$$

2. 公式：$a = \sqrt{rRT}$，在此 1. $\gamma = 1.4$；2.空氣氣體常數

$R = 287 \dfrac{m^2}{\sec^2 K}$

（二）馬赫數

馬赫數為空速與音速的比值，其公式定義為 $M_a \equiv \dfrac{V}{a}$

PS：在此 V 不是表示體積，而是代表空速（飛機速度）。

（三）利用馬赫數所做外部流場的分類

馬赫數是可壓縮流分析的主要參數，空氣動力學家據此將外部流場加以分類，茲分述如下：

$0 < M_a < 0.3$　我們稱此區域的流場為不可壓縮流，也就是假設流場的密度變化可以忽略不計。

$0.3 < M_a < 0.8$　我們稱此區域的流場為次音速流，整個流場無震波產生。

$0.8 < M_a < 1.2$　　我們稱此區域的流場為穿音速流，震波首次出現，整個流場分成次音速流與超音速流。**由於流場混合的緣故，欲在穿音速流做動力飛行，是非常困難。**

$1.2 < M_a$　　　　我們稱此區域的流場為超音速流，**有震波出現，但無次音速流存在。**

（四）次音速流、穿音速流與超音速流流場之意義

$M_a < 0.8$　　　　我們稱此區域的流場為次音速流（Subsonic Flow），**整個流場無震波產生。**

$0.8 < M_a < 1.2$　　我們稱此區域的流場為穿音速流（Transonic Flow），**震波首次出現，整個流場分成次音速流與超音速流。由於流場混合的緣故，欲在穿音速流做動力飛行，是非常困難。**

$1.2 < M_a$　　　　我們稱此區域的流場為超音速流（Supersonic Flow），**有震波出現，但無次音速流存在。**

　　從上可知次音速流、穿音速流與超音速流流場主要的差別是「**有無震波出現**」，所以為了更明瞭起見，我們依據馬赫數將次音速流、穿音速流與超音速流流場重新定義如下：

1. **次音速流**（Subsonic Flow）：飛機氣流的最大馬赫數均小於 1.0 的流場，也就是整個飛行流場無震波產生。

2. **穿音速流**（Transonic Flow）：飛機機翼之上局部氣流的馬赫數有大於 1.0，也有小於 1.0 的流場。

3. **超音速流**（Supersonic Flow）：飛機氣流的最小馬赫數均大於
   1.0 的流場。

   PS：由於「穿音速流」在坊間書籍與民航考題多不相同，有
   　　些翻譯成「跨音速流」但民航考題在此二個名詞後都會
   　　做括弧附上英文，應試學生必須注意。

（五）音障（Sound barrier）

　　當物體（通常是航空器）的速度接近音速時，將會逐漸追
上自己發出的聲波。此時，由於機身對空氣的壓縮無法迅速傳
播，將逐漸在飛機的迎風面及其附近區域積累，最終形成空氣
中壓力、溫度、速度、密度等物理性質的一個突變面——震波。
**所以我們可以將「音障」解釋為「飛機接近音速時，壓迫空氣
而產生震波，導致阻力急遽增大的一種物理現象」。**

（六）震波（Shock wave）

　　是氣體在超音速流動時所產生的壓縮現象，震波會導致總
壓的損失，若震波與通過氣流的角度成 90^0，我們稱之為**正震波**
（Normal Shock wave），若震波與通過氣流的角度小於 90^0，我
們稱之為**斜震波**（Oblique Shock wave）。

（七）膨脹波（Prandtl-Meyer Expansion Waves）

　　如圖六所示，當超音速氣流流繞外凸角所產生的膨脹加速的流動，我們稱為膨脹波。

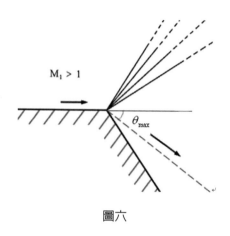

圖六

（八）臨界馬赫數（critical Mach Number）

　　飛機在接近音速飛行時，隨著飛行速度的增加，當上翼面的速度開始出現震波時，此時飛機飛行的馬赫數稱之為臨界馬赫數。

（九）超臨界翼型機翼

飛機巡航速度受到穿音速時阻力驟增的限制，利用後掠翼可使機翼的臨界馬赫數增加，到 0.87 左右（傳統翼型約為 0.7），若想要延遲臨界馬赫數，則一個重要方法為使用超臨界翼型機翼，目前超臨界翼型可使飛機在馬赫數到 0.96 左右，上表面才會出現馬赫數等於 1 的現象，且機翼上曲面局部超音速現象局部被消彌，也就是無震波出現。

PS1：超臨界機翼的特徵為上表面比較平坦，使得飛機飛行的速度超過臨界馬赫數後，為一無明顯加速的均勻超音速區域，由於上表面較平坦，所以升力減小，為了補足升力，一般會將後緣的下表面做成內凹以增加後段彎度，藉以增加升力。

PS2：超臨界翼型機翼的缺點：超臨界翼型機翼強度不夠必須增加補強設計，這是美中不足的地方。

（十）穿音速面積定律（Transonic area rule）

所謂穿音速面積定律是說飛機在穿音速飛行時，如果沿縱軸的截面積（以從機頭至機尾的飛機中心來看飛機的截面積）的變化曲線越平滑的話，產生的穿音速阻力就會越小，這也就是超音速飛機「蜂腰」的來源。

PS：穿音速面積定律實際應用的種方式：削減機翼處的機身（機
　　身收縮）以及把機身（機翼連接以外區域）截面積加大。

（十一）Prandtl-Glauert rule

1. **目的**：Prandtl-Glauert rule 之目的是建立可壓縮流與不可壓縮
   流中相同翼型的氣動力參數之間的關係，進而得到可壓縮性
   對同一翼型的影響。

2. **公式**：$\dfrac{C_{P1}}{\sqrt{1-M_{1\infty}^2}} = \dfrac{C_{P2}}{\sqrt{1-M_{2\infty}^2}}$，在此 C_{P1} 為不可壓縮流之壓力係
   數；C_{P2} 為可壓縮流之壓力係數，M_∞ 為自由流（遠離物體）
   的馬赫數。

航空發動機

本部份主要是將航空發動機方面的「重要名詞解釋」加以綜整，方便同學記憶，內容分述如下：

（一）航空發動機的功能

航空發動機是飛機產生動力的核心裝置，其主要的功能是用來產生或推力藉以克服與空氣相對運動時產生的阻力使飛機起飛與前進。其次還可以為飛機上的用電設備提供電力，為空調設備等用氣設備提供氣源。

（二）V 速率（V-speeds）

所謂 V 速率是用來表示飛機的特定速率，藉以確保飛機起飛安全，這個速率會隨著飛行器重量、跑道情況、氣溫、飛機的類別（例如滑翔機、噴射飛機）而改變，列表如後：

V 速率	描述
V_1	決定起飛速率，如果出現發動機異常或者火警的等危險狀況，機師必須放棄起飛，若超出此速率，就必須要離地起飛。
V_2	安全起飛速率，這是指具有兩台或以上發動機的飛機，在 V_1 有一台發動機發生故障時，飛機能安全起飛的最低速率。
V_{FE}	最大襟翼伸展速率。
V_{NE}	絕不超過速率。
V_{NO}	最大結構巡航速率：在亂流中超過此速率有可能造成航機結構損壞。
V_R	仰轉速率：機師開始拉起機頭起飛的速率，當飛機到達此速率的時候，就已經產生飛機起飛所需要的速率以及升力。
V_{LOF}	升空速率：大型飛機上，拉起機頭仰轉到實際機輪升空通常有一段時間間隔；升空速率是機輪離地時的速率。

（三）發動機的性能參數

1. **推力重量比**（Thrust-weight ratio）：是表示發動機單位重量所產生的推力，簡稱為推重比，是衡量發動機性能優劣的一個重要指標，推重比越大，發動機的性能越優良。

2. **燃油消耗率**（Specific thrust；SFC）：又稱為單位推力小時耗油率，是指耗油率與推力之比，公制單位為 kg/N-h，愈小者愈省油。

PS1：在實際應用中，燃油消耗率（SFC）往往指的不是燃料的自身，而是評量發動機系統優劣的依據。因為燃油消耗率的大小與氧化劑配比、系統設計的優劣程度以及噴口外界環境（壓力）有關。

PS2：「TSFC」常簡化為「SFC」，指的是「特定燃油消耗率」。

3. **壓縮比**（Compression ratio）：被壓縮機壓縮後的空氣壓力與壓縮前的壓力之比值，通常愈大者性能愈好。

4. **平均故障時間**（Mean Time Between Failure；MTBF）：每具發動機發生兩次故障的間隔時間之總平均，愈長者愈不易故障，通常維護成本也愈低。

5. **旁通比**（bypass ratio）：即渦輪風扇發動機外進氣道與內進氣道空氣流量的比值。內進氣道的空氣將流入燃燒室與燃料混合，燃燒做功，外進氣道的空氣不進入燃燒室，而是與內進氣道流出的燃氣相混合後排出。外進氣道的空氣只通過風扇，流速較慢，且是低溫，內進氣道排出的是高溫燃氣。兩種氣體混合後，同時降低了噴嘴平均流速與溫度。

PS1：高旁通比發動機在次音速時有非常好的能效，通常用於客機、運輸機和戰略轟炸機等。

PS2：低旁通比發動機通常配有後燃器，以高油耗為代價，獲得更大的推力，可用於超音速飛行，通常用於戰鬥機。

（四）噴射發動機的效率

一般而言，在比較發動機性能時，通常會採用推進效率（Propulsive Efficiency）、發動機熱效率（Thermo-efficiency）或整體推進效率（Overall Efficiency）來做為指標，分別定義：

1. **推進效率**：推進效率=飛機飛行功率（推力與飛行速度之乘積）與排氣噴嘴輸出功率（單位時間所產出之噴氣動能）之比值。

2. **熱效率**：發動機熱效率=排氣噴嘴輸出功率與渦輪進氣功率（單位時間之吸氣能量與燃燒所產之熱能）之比值。

3. **整體推進效率**：整體推進效率=推進效率與發動機熱效率之乘積。

（五）渦輪發動機（Turbine Engine）的基本元件

進氣道 壓縮器 燃燒室 渦輪 噴嘴　　高速噴射氣體

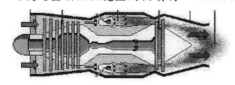

渦輪噴射發動機

圖七

1. **進氣道（Inlet）**：進氣道在渦輪發動機的功能有二，一個是吸入空氣與減速增壓，另一個是提供穩定氣流給壓縮器。

2. **壓縮器（Compressor）**：壓縮器在渦輪發動機的功能有二，一個是壓縮空氣，並提供穩定氣流送入燃燒室燃燒，另一個是提供冷卻氣流至低壓渦輪以達散熱目的。

3. **燃燒室（Combustion Chamber）**：空氣經壓縮機增壓後進入燃燒室與燃料混合燃燒，使氣體變成高溫高壓狀態。

4. **渦輪（Turbine）**：渦輪在渦輪發動機的功能是帶動壓縮器轉動。

5. **噴嘴（Nozzle）**：噴嘴在渦輪發動機的功能是將在燃燒室燃燒後後氣體減壓加速並排至外界。

（六）其他主要元件

1. **後燃器（After Burner）**：基本上後燃器可說是一種再燃燒的裝置，於後燃器處再噴入燃油，使未充分燃燒的氣體與噴入的燃油混合再次燃燒，經過可變噴口達到瞬間增加推力的目的。

2. **推力反向器（Thrust reversal）**：推力反向器是飛機發動機中一個用暫時改變氣流方向的裝置，使發動機的氣流轉向前方，而非向後噴射，這樣會使發動機的推力倒轉而使飛機減速。

3. **向量噴嘴（Vector Nozzle）**：向量噴嘴是一種飛機使用的推進技術，它是利用控制推進器噴嘴的偏轉，達到改變噴射氣流方向並進而使速度向量改變之技術的裝置。

（七）噴口面積法則

1. **目的**：噴口面積法則之目的主要是說明噴嘴的截面積在次音速與超音速時和速度關係。

2. **公式**：$\dfrac{dA}{A} = (M^2 - 1)\dfrac{dV}{V}$

   在此 A 是指面積，dA 是指面積的改變量，dA/A 是指面積的改變率；V 是指速度，dV 是指速度的改變量，dV/V 是指速度的改變率；M 為馬赫數。

3. **物理意義**：從噴口面積法則中，我們可得一個重要觀念，那就是：

   M＜1　　（次音速流），面積變大，速度變小；面積變小，速度變大。

   M＞1　　（超音速流），面積變大，速度變大；面積變小，速度變小。

（八）阻塞現象（Choked Condition）

　　所謂阻塞現象是航空發動機的內部流場在到達音速後，空氣的質流率會被局限在音速時的質流率，也就是航空發動機的內部流場超過音速後，空氣的質流率不變，這種現象我們稱之為阻塞（Choke）現象。

三、解題要訣

（一）前言

　　本部份主要是針對民航特考三等考試——航務管理空氣動力學科目申論題與計算題如何準備與解題做一說明。一般而言，空氣動力學這個科目可以考的很容易（只出名詞解釋），也可以出的很難（著重在申論題與計算題），但是我們可以從民航特考的考試方式（考試時間有二小時，但每年只出四到六題）來看，可以知道申論題與計算題的比例應該是佔了非常重的比例，但是多數學生常因為觀念不對或不知如何破題，以致於成績不佳。所以本書特別將申論題與計算題的準備與解題的方式逐一列出，讓同學在看考古題能更加了解，藉以獲得好成績。

（二）申論題解題要訣

　　很多同學在考試回答申論題時常發生：1.完全不會答。2.僅做簡答，導致成績不佳，如上所述，從民航特考的考試方式（考試時間有二小時，但每年只出四到六題）來看，可以知道申論題應該是用詳答的方式。因此作者在申論題篇（下一個章節）將歷年的考古題有關申論題的部份分門別類，讓應考學生

能快速掌握申論題出題方向，建議購買本書的學生用以下步驟準備申論題，準備步驟分述如下：

1. 先記熟名詞解釋，以免搞錯考題意義。
2. 記熟申論題類型（下一個章節），以便輕易破題。
3. 對照考古題與申論題類型（下一個章節），掌握申論題出題方向。
4. 看本書申論題解答。
5. 由於民航特考三等考試——航務管理「空氣動力學」科目的考古題與民航特考「飛行原理」在申論題部份有許多部份極為相似，建議各位同學可以購買個人與秀威資訊科技股份有限公司合作出版的《飛行原理重點整理及歷年考題詳解》，相信更能讓同學掌握申論題出題方向，增加考取機會。
6. 根據許多同學反應：「由於對基本觀念與原理的觀念欠缺，以致考題稍加改變，雖然答案一樣，明明應該會寫的，卻因題目看不懂而無法做答，殊為可惜」，所以建議各位同學可以購買個人與秀威資訊科技股份有限公司合作出版的《空氣動力學概論與解析》，該書是結合民航考題利用簡明的文字描述空氣動力學的基本原理，是坊間唯一的一本以民航考試為導向闡述空氣動力學的基本原理的專書，相信若能結合本書一起研讀，將不會有上述情形發生。

（三）計算題解題要訣

很多同學在考試求解計算題時常放棄做答，主要原因是因為：1.公式記不熟。2.不知題目意思，因此作者在計算題篇（後

面第二個章節）根據 92 至 100 年的計算考古題製作簡易公式並將計算題分成四大類解釋，讓應考學生能快速掌握計算題出題重點，建議購買本書的學生用以下步驟準備計算題，準備步驟分述如下：

1. 先記熟簡易公式。

2. 記熟計算題類型（後面第二個章節），以便輕易破題。

3. 對照考古題與計算題類型（後面第二個章節），掌握計算題出題方向。

4. 由於 90 年的考題都是計算題，且與其後考古題類型不同，建議應試同學先準備 92 至 100 年的計算題考題，再行參考 90 年考題詳解計算該年解答。

5. 根據許多同學反應：「由於對基本觀念與原理的觀念欠缺，以致計算題只是稍做簡化，題目更簡單，明明應該會寫的，卻因題目看不懂而無法做答，殊為可惜」，因此若想掌握計算題分數，建議各位同學更應購買個人與秀威資訊科技股份有限公司合作出版的《空氣動力學概論與解析》。

四、申論題篇

　　在「申論題篇」中，我們和「名詞解釋篇」以相同的方式去做題型分類，以便能和「名詞解釋篇」做彼此對應，增加應試學生對該類型的瞭解程度，但因為到目前為止，考古題中有關航空發動機類的考題，只出過名詞解釋與計算題（申論題沒考，並不代表以後不會考），因此，我們將全篇分成飛機構造、飛機機翼、飛機受力情況以及飛行速度區域四個部份。至於航空發發動機類常見的考題，我們將放在參考資料中，供讀者參考。在本部份只將解題要領寫出，藉以訓練考生破題能力與方便記憶，至於完整的說明，請參照名詞解釋篇與之後的考古題詳解。

飛機構造

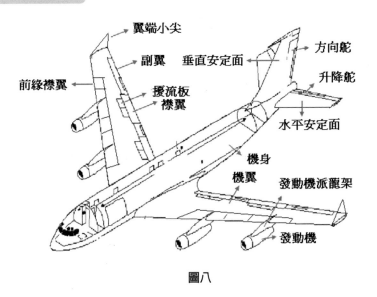

翼端小尖

副翼　　垂直安定面　　方向舵

前緣襟翼　　　　　　　　　　　升降舵

擾流板
襟翼

水平安定面

機身
機翼　　　發動機派龍架

發動機

圖八

類型一、試述飛機基本構造的位置與名稱

【解題要領】

如圖八

類型二、試述飛機基本構造的功用

【解題要領】

1. 請參考名詞解釋篇「飛機的基本構造」部分，此九個基本構造的功用是民航考試常考的題目，請千萬要牢記。

2. 在準備此一類型考題時，同學們還必須要瞭解這九個基本構造的工作原理，因為這也是民航考試常考的主題之一。

類型三、試述各控制面的功能

【解題要領】

1. 升降舵（Elevator）是藉由白努力定律產生俯仰力矩使機頭上下移動之控制面。

2. 方向舵（Rudder）：是藉由白努力定律產生偏航力矩使機頭左右移動之控制面

3. 副翼（Airelon）：是藉由白努力定律產生滾轉力矩使機身左右滾轉之控制面。

4. 由以上敘述配合白努力定律的說明為出發點申論之。

類型四、試述如何利用柏努利方程式定律解釋飛機俯仰、偏航與滾轉力矩的產生。

【解題要領】

如圖九

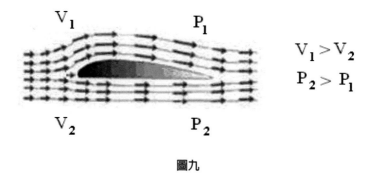

圖九

配合柏努利方程式 $P + \dfrac{1}{2}\rho V^2 = P_t$ 與升降舵（Elevator）、方向舵（Rudder）及副翼（Airelon）的功能解釋之。

類型五、試述襟翼（Flap）的功能與原理

【解題要領】

1. 襟翼的主要功能為增加機翼面積使其增加升力（同時也會產生阻力），一般用於起飛時，增加升力以及下降時，增加阻力。

2. 對具有襟翼之機翼而言，襟翼放出時可使機翼面積加大，同時加大有效攻角，故升力增加，但同時阻力也一併增加了。所以如何在適當的時機將襟翼放下至正確的角度是相當重要的。例如在起飛時，襟翼最多只能放出大約全行程的三分之一到一半，以增加升力而不增加太多的阻力；但降落時則同時須增加升力與阻力以減低速度並保持足夠之升力，所以經常被放到全行程位置。

3. 由以上敘述為出發點申論之。

類型六、試述翼條（Slat；又稱前緣襟翼）的功能與原理

【解題要領】

1. 翼條在正常工作時與機翼主體產生縫隙，可使機翼下表面部分空氣流經上表面從而推遲氣流分離的出現，增加機翼的臨界攻角，使飛機在更大的攻角才會失速。

2. 在準備此一類型考題時，同學們還必須要會說明並繪製升力係數（C_L）與機翼攻角（attack angle, α）定性關係圖。因為這也是民航考試常考的主題之一。

類型七、試說明六個自由度的觀念

【解題要領】

1. 請參考名詞解釋篇「飛機的基本構造」部分。此題為民航考試常考的題目，請千萬要有清楚的認知。

2. 在準備此一類型時，必須要瞭解控制面如何影響飛機運動、控制面的制動原理以及三軸、三力與三力矩的定義及相關衍生問題，因為這也是民航考試常考的主題之一。

類型八、試述柏努利方程式存在條件（假設）

【解題要領】穩態、無摩擦、不可壓縮、沿同一流線。

類型九、判定是否可利用柏努利方程式解釋物理現象。

【解題要領】

1. 柏努利方程式的存在條件：
   （1）無摩擦。
   （2）穩態。
   （3）不可壓縮。
   （4）沿同一流線。

2. 請以柏努利方程式的存在條件為出發點，並參照航空界實際的應用情況與該現象的定義做綜合判定。

PS：在民航特考的考題中，經常會問考生在可壓縮流場的情況下，是否可以使用柏努利方程式去計算空氣壓力與速度變化的關係？多數同學因為受到某些網路或補習班解題的影響，均在考試回答「不可以」，這是錯誤的，因為「空速計的使用原理」就是使用柏努利方程式去計算空氣壓力與速度，若是不可以那麼民航機要裝「空速計」幹什麼，所以不是不可以，而是需要針對流場的壓縮性做修正。

飛機機翼

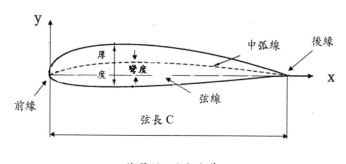

機翼剖面名詞定義

圖十

類型一、試描繪完整的機翼位置與名稱

【解題要領】

1. 如圖十。

2. 弦線（Chord line）：機翼前緣至後緣的連線，我們稱之為弦線；機翼前緣至後緣的距離，我們稱之為弦長（chord），一般以 c 表示。

3. 中弧線（Mean camber line）：機翼上下表面垂直線的中點所連成的線，我們稱之為中弧線。

4. 厚度（Thickness）：機翼上下表面之距離。

5. 相對厚度：機翼最大厚度與弦長的比值。

6. 彎度（Camber）：機翼中弧線最大高度與弦線之間的距離。

7. 攻角（Angle of Attack；A.O.A）：自由流與弦線的夾角。

8. 展弦比（Aspect Ratio）：翼展和標準平均弦長的比值，我們命名為展弦比。

9. 平均空氣動力弦長（Mean Aerodynamic Chord）：所謂弦長（chord）是指機翼前緣與後緣之間的距離，一般飛行器從翼根到翼間各個位置的翼弦長度不盡相同，在分析飛行器的性能時，通常使用其平均值，這就是平均空氣動力弦長（Mean Aerodynamic Chord）的意義。

類型二、請列出升力、阻力與升力係數與阻力係數之間的關係式

【解題要領】

$$L = \frac{1}{2}\rho V^2 C_L S \; ; \; D = \frac{1}{2}\rho V^2 C_D S$$

在此 L、D、ρ、V、C_L、C_D、S 分別為升力、阻力、空氣密度、空氣速度、升力係數、阻力係數與機翼面積。

類型三、請列出二維機翼的升力理論。

【解題要領】

$$C_{L,\text{理論}} = 2\pi \sin(\alpha + \frac{h}{c})$$，在此 α 為攻角，$\frac{h}{c}$ 為最大彎度。

類型四、翼型系列命名：

1. 四位數翼型命名

【解題要領】

四位數翼型之範例

NACA1315

第一個數字代表彎度，以弦長的百分比表示，camber/chord＝1%

第二位表示彎度距離前緣的位置，以弦長的 10 分數比表示，3/10

第三位與第四位數合起來是機翼的最大厚度，以弦長的百分比表示，t/c=15/100＝15%

2. 五位數翼型

【解題要領】

五位數翼型之範例

NACA23012

第一個數字代表彎度，以弦長的百分比表示，camber/chord＝2%

第二位與第三位數合起來是彎度距離前緣的位置，以弦長的 200 分數表示，30/200＝15%

第四位與第五位數合起來是機翼的最大厚度，以弦長的百分比表示，t/c=12/100＝12%

類型五、請以二維機翼的升力理論說明升力、攻角與彎度的關係並繪出升力係數（C_L）與機翼攻角（attack angle, α）定性關係圖。

【解題要領】

1. 由二維機翼的升力理論 $C_{L,理論} = 2\pi \sin(\alpha + \dfrac{h}{c})$ 可得知：

（1） 在飛機未失速時升力與攻角成正比。

（2） 正彎度攻角或有襟翼的機翼，零升力攻角為負。

（3） 正彎度攻角或有襟翼的機翼在同一攻角的情況下，其升力大於對稱機翼。

2. 升力係數（C_L）與機翼攻角（attack angle, α）定性關係圖如圖十一所示。

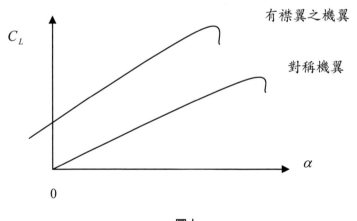

圖十一

飛機受力情況

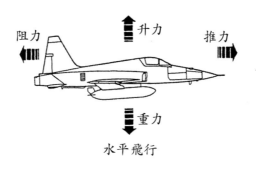

圖十二

　　如圖十二、飛機飛行所受的四種力可分為升力（Lift）、阻力（Drag）、推力（Trust）及重力（Weight）。**我們在設計飛機時，總是希望儘量提高升力與推力，降低阻力，希望各位同學掌握此要點來加以準備。**

類型一、試述飛機飛行所受的四種力

【解題要領】

　　飛機飛行所受的四種力可分為升力（Lift）、阻力（Drag）、推力（Trust）及重力（Weight）。

　PS1：必須要清楚知道四種力之間的互動關係。

　PS2：飛機飛行所受的四種力千萬不要和「飛機飛行所受的四種阻力」攪混。

PS3：飛機飛行所受的四種力千萬不要和「從六個自由度的
　　　觀點來看飛機飛行時所受之三力與三力矩」攪混。

類型二、試用庫塔條件（Kutta-Condition）說明升力的形成

【解題要領】

1. 請參照名詞解釋「升力部份」的內容與 95 年考古題申論之。

2. 本類型考題是民航考試常考的主題，請同學們要牢記。

類型三、請列出升力、阻力與升力係數與阻力係數之間的關係式

【解題要領】

1. $L = \dfrac{1}{2}\rho V^2 C_L S$ ； $D = \dfrac{1}{2}\rho V^2 C_D S$

2. 本類型考題是民航考試常考的主題，同學們除要牢記，還必
　須會搭配各種飛行狀況計算其性質變化。

類型四、試述一般物體所承受的阻力

【解題要領】

　　一般物體阻力所承受的可分為壓力阻力（形狀阻力）與摩
擦阻力二種，所謂壓力阻力係指物體前緣停滯點與後緣離體區
所造成之阻力，摩擦阻力係指摩擦所造成的阻力。

　PS：1.高爾夫球的凹凸表面設計是為了降低形狀阻力。

　　　2.乒乓球的平滑表面設計是為了降低摩擦阻力。

類型五、試述飛機飛行所受的四種阻力

【解題要領】

　　一般而言，我們可把飛機飛行所承受的阻力分成摩擦阻力、形狀阻力、誘導阻力以及干擾阻力等四類（各類阻力之來源如後述），當超音速飛行時，我們還需考慮因為震波所造成的震波阻力。

　　PS：1.翼端小翼（Winglet）是為了避免誘導阻力。

　　　　2.後掠機翼是為了延遲機翼的臨界馬赫數

　　　　3.超臨界機翼剖面（Supercritical Airfoil）是為了避免或降低震波阻力。

類型六、試述飛機飛行所受的阻力之來源

【解題要領】

　　一般而言，我們可把飛機飛行所承受的阻力分成摩擦阻力、形狀阻力、誘導阻力以及干擾阻力等四類（各類阻力之來源如後述），當超音速飛行時，我們還需考慮因為震波所造成的震波阻力。各類阻力之來源分述如下：

1. 摩擦阻力：空氣與飛機摩擦所產生的阻力。

2. 形狀阻力：物體前後壓力差引起的阻力，飛機做得越流線形，形狀阻力就越小。

3. 誘導阻力：機翼的翼端部因上下壓力差，空氣會從壓力大往壓力小的方向移動，而從旁邊往上翻，因而在兩端產生渦流，因而產生阻力。

4. 干擾阻力：空氣流經飛行物各組件交接點時所衍生出來的阻力。

類型七、試說明升力係數(C_L)與機翼攻角(attack angle, α)之定性關係圖。

【解題要領】

以二維機翼的升力理論配合圖十三為基礎申論之

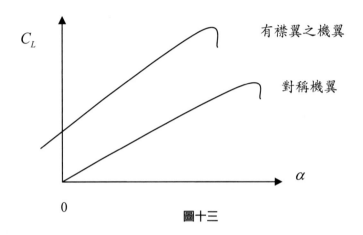

圖十三

類型八、試用升力係數(C_L)與機翼攻角(attack angle, α)的定性關係圖解釋正彎度翼剖面機翼之失速現象。

【解題要領】

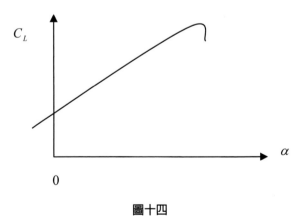

圖十四

從圖十四所示，由於機翼為正彎度翼剖面，所以零升力攻角在攻角 α 為負的位置，升力係數曲線在到達失速攻角（或臨界攻角）前，升力與攻角成正比；當攻角達到失速攻角（或臨界攻角）時，因為會產生流體分離現象。升力會大幅下降。此時飛機無法再繼續飛行，我們稱之為失速。

類型九、何謂臨界攻角（Critical Angle of Attack）與最大升力係數（$C_{L\max}$）？

【解題要領】

1. 所謂臨界攻角（Critical Angle of Attack）是指飛機在低攻角的時候，升力會隨著攻角上升，但是攻角到達某一度數時，機翼會開始產生流體分離現象，造成飛機失速，我們稱此一攻角為臨界攻角。

2. 所謂最大升力係數是飛機到達失速時，所對應的升力係數；也就是飛機到達臨界攻角所對應的升力係數。

　　PS：最大升力係數（$C_{L\max}$）是推導失速速度的重要觀念。

類型十、試列舉渦輪噴射發動機之推力公式。

【解題要領】

1. **淨推力公式**：$T_n = \dot{m}_a(V_j - V_a) + A_j(P_j - P_{atm})$

2. **總推力公式**：$T_g = \dot{m}_a(V_j) + A_j(P_j - P_{atm})$

3. **公式各項所代表的意義**

（1）T_n：淨推力

（2） T_g：總推力

（3） $\dot{m}_a$：空氣的質流率

（4） V_j：引擎的噴射速度

（5） V_a：空速

（6） A_j：引擎噴嘴的出口面積

（7） P_j：引擎噴嘴出口的壓力

（8） P_{atm}：周遭的大氣壓力

PS：在民航考試，出題老師常要求學生利用理想氣體方程式
與推力公式說明影響發動機推力之因素對推力所造成的
影響，同學必須特別注意。

類型十一、請問淨推力與總推力相等的情況為何？

【解題要領】

1. **淨推力公式**：$T_n = \dot{m}_a(V_j - V_a) + A_j(P_j - P_{atm})$

2. **總推力公式**：$T_g = \dot{m}_a(V_j) + A_j(P_j - P_{atm})$

3. 若想 $T_n = T_g$，只有當空速（V_a）等於 0 時，也就是飛機在地面試車或引擎在試車臺試車時才有可能。

類型十二、　何謂需求推力（Required Thrust）、可用推力（Available Thrust）以及剩餘推力（Excess thrust），此三者間的關係為何？

【解題要領】

1. 需求推力（Required Thrust）：飛機在特定高度下平飛時所需要的推力，此時飛機所需的推力等於阻力。

2. 可用推力（Available Thrust）：飛機在特定高度下平飛，不同空速下發動機所能提供的最大推力值。

3. 剩餘推力（Excess thrust）：飛機可用推力減去需求推力後的剩餘推力值。

4. 需求推力、可用推力以及剩餘推力三者間的關係為剩餘推力＝可用推力－需求推力。

類型十三、　請問飛機在巡航飛行時，需求推力（Required Thrust）如何計算？

【解題要領】

　　所謂需求推力（Required Thrust）是指飛機在特定高度下平飛時所需要的推力，此時飛機所需的推力等於阻力。所以飛機在巡航飛行時，需求推力是以 $D = \frac{1}{2}\rho V^2 C_D S$ 計算，在此 D、ρ、V、C_D、S 分別為阻力、空氣密度、空氣速度、阻力係數與機翼面積。

類型十四、影響發動機推力之因素

【解題要領】

1. 轉速

　　轉速與推力成正比，即推力之大小由油門控制。轉速愈高，推力增加愈速。由於噴射發動機轉速對推力之影響與活塞發動機推力特性不同。當低轉速時，轉速稍增，推力增加甚微。但在高轉速時，油門稍增，推力將增加甚多。故噴射發動機多在高轉速下運轉。一來可發揮其效率，二來可節省燃料。

2. 高度

　　推力與高度成反比，當高度增加時，由於氣壓降低，空氣密度減小，故推力低，但高度增加，空氣阻力亦因空氣稀薄而降低，不致影響飛機速度，故噴射飛機多在高空以高速飛行，以增加效率。

3. 氣溫

　　推力與大氣溫度成反比，溫度增高，空氣密度減少，推力降低，故熱帶起飛需較長跑道。但因有輔助增加推力裝置如後燃器等，此一困難已被克服。

4. 氣壓

　　推力與大氣壓力成正比。氣壓增加，空氣密度增加，推力增大，所以發動機在海平面高度操作時可輸出最大推力。低空大氣壓力大，推力大，但空氣阻力也是最大，所以耗油量亦增加，故噴射機低空飛行較耗油。

5. 排氣速度與飛機速度

排氣速度大，則推力大，故有後燃器之裝置。假設排氣速度不隨飛機速度變化，當飛機速度增加時，推力反而減少（Vj-Va之差值愈小），但由於空氣之衝壓效應影響，空氣流量亦隨飛機速度增加而增加，燃燒室可燃燒更多燃油，故造成推力大致不變。

6. 進氣口與排氣口面積

噴射發動機在運用上，須大量進氣獲得推力。如進氣口狹小，進氣不足，必影響推力，故在進口設有防冰裝置，避免高空飛行時，進氣口結冰而減少進氣口面積。排氣口面積直接影響排氣速度，當高度突然增加至數萬呎，空氣稀薄，為避免排氣溫度超過極限，必須減速，但推力將有損失，近代尾管面積多為可調者。俾控制尾管溫度，使發動機保持最佳效率。

7. 濕度

濕度大，即空氣中含水蒸汽較多，空氣密度小，發動機推力亦減少。反之推力較大。

以上高度、氣溫、氣壓與濕度之變化，無不引起空氣密度之變化，空氣密度變化，實為影響推力的主要因素。故增加空氣之質量與密度，及增加排氣速度，皆可增加推力。

PS：在民航考試，出題老師常要求學生利用理想氣體方程式與推力公式說明影響發動機推力之因素對推力所造成的影響，同學必須特別注意。

飛行速度區域

類型一、試述音（聲）速與馬赫數的定義。

【解題要領】

1. $a \equiv \sqrt{\left.\dfrac{\partial P}{\partial \rho}\right|_S} = \sqrt{\left.r\dfrac{\partial P}{\partial \rho}\right|_T} = \sqrt{rRT}$

2. $M_a \equiv \dfrac{V}{a}$

> PS：在民航考試，出題老師常要求學生利用理想氣體方程式證明音（聲）速與高度關係，同學必須特別注意。

類型二、試解釋次音速流（subsonic flow）、穿音速流（transonic flow）與超音速流（supersonic flow）之意義。

【解題要領】

空氣動力學家根據馬赫數將飛機飛行時的外部流場加以分類如下：

$M_a < 0.8$ 　　我們稱此區域的流場為次音速流（Subsonic Flow），**整個流場無震波產生。**

$0.8 < M_a < 1.2$ 　　我們稱此區域的流場為穿音速流（Transonic Flow），**震波首次出現，整個流場分成次音速流與超音速流。由於流場混合的緣故，欲在穿音速流做動力飛行，是非常困難。**

$1.2 < M_a$ 我們稱此區域的流場為超音速流（Supers
onic Flow），**有震波出現，但無次音速流
存在。**

　　從上可知次音速流、穿音速流與超音速流流場主要的差別
是「**有無震波出現**」，所以為了更明瞭起見，我們依據馬赫數
將次音速流、穿音速流與超音速流流場重新定義如下：

1. **次音速流**（Subsonic Flow）：飛機氣流的最大馬赫數均小於 1.0
的流場，也就是整個飛行流場無震波產生。

2. **穿音速流**（Transonic Flow）：飛機機翼之上局部氣流的馬赫
數有大於 1.0，也有小於 1.0 的流場。

3. **超音速流**（Supersonic Flow）：飛機氣流的最小馬赫數均大於
1.0 的流場。

　PS：次音速流、穿音速流與超音速流的觀念在民航考試衍生
　　　出各種不同的考題，是民航考試最常（喜歡）考的類型
　　　之一，但是許多同學受到某著名補習班與網路解答的影
　　　響，以致觀念徹底錯誤，不只名詞解釋拿不到分數，甚
　　　至衍生考題都看不懂，希望同學在研讀此題時必須特別
　　　注意，務求瞭解。

類型三、機翼為何要設計成後掠（Sweptback）的氣動力原理？

【解題要領】

　　近代高性能民航機為改善飛機巡航速度受到穿音速時阻力
驟增的限制，多採後掠角，一般而言，後掠翼的功用可延遲機
翼的臨界馬赫數到 0.87 左右

類型四、試說明為何近代高性能民航機的巡航速度多設定在穿音速（Transonic Speed）區間。

【解題要領】

飛機在接近音速時，空氣被壓縮而產生震波，其空氣阻力會驟增。在此速度區域飛行會消耗大量燃油，並且會影響飛行安全及存在噪音問題，然而近代高性能民航機多採後掠翼與超臨界翼型機翼，後掠翼可延遲臨界馬赫數，超臨界翼型機翼除可延遲臨界馬赫數，甚至可消彌機翼上曲面局部超音速現象，所以一般民航機皆將速度設定在穿音速區間（大約在馬赫數0.85左右）。

PS1：本題重點是在近代高性能民航機因為採用後掠翼與超臨界翼型機翼，所以延遲甚至消彌機翼上曲面震波的發生，某著名補習班與網路解答是以「因為震波會影響飛行安全及存在噪音問題」作答，事實上在穿音速流就會有震波發生，在著名補習班與網路解答讓人只有一個感覺：「因為震波可能導致危險與耗油，所以我要在此速度區域飛行。」，那不是說民航業者都是嫌錢多、找死以及罔顧人命，試想各位同學如此做答可能會有分嗎？

PS2：希望各位同學在看考古題解答時，不要只背答案，還必須要想題目為什麼這麼出，此題可能會有那些衍生的問題，這才是準備考古題的真正意義。

五、計算題篇

微積分速成

　　由於民航特考報考人以文科的學生居多，而在空氣動力學與飛行原理的計算與證明，有很多問題都用到微積分，因此在本書中將考試常用的微積分做一介紹，方便購買本書的學生準備。

（一）常使用的微積分公式表

常使用的微積分公式表		
項次＼項目	微分公式	積分公式
一	$\dfrac{da}{dx} = 0$	$\displaystyle\int 0\,dx = 0$
二	$\dfrac{d}{dx}(ax) = a$	$\displaystyle\int a\,dx = ax + c$
三	$\dfrac{d}{dx}x^n = nx^{n-1}$	$\displaystyle\int x^n\,dx = \dfrac{1}{n+1}x^{n+1} + c$
四	$\dfrac{d}{dx}\left(\dfrac{1}{x^n}\right) = \dfrac{d}{dx}(x^{-n}) = -nx^{-n-1}$	$\displaystyle\int \dfrac{1}{x^n}dx = \int x^{-n}\,dx = \dfrac{1}{-n+1}x^{-n+1} + c$
五	$\dfrac{d}{dx}\sin x = \cos x$	$\displaystyle\int \cos x\,dx = \sin x + c$
六	$\dfrac{d}{dx}\cos x = -\sin x$	$\displaystyle\int \sin x\,dx = -\cos x + c$

七	$\dfrac{d}{dx}\tan x = \sec^2 x$	$\displaystyle\int \sec^2 x\,dx = \tan x + c$
八	$\dfrac{d}{dx}\cot x = -\csc^2 x$	$\displaystyle\int \csc^2 x\,dx = -\cot x + c$
九	$\dfrac{d}{dx}\sec x = \sec x \cdot \tan x$	$\displaystyle\int \sec x\tan x\,dx = \sec x + c$
十	$\dfrac{d}{dx}\csc x = -\csc x \cdot \cot x$	$\displaystyle\int \csc x\cot x\,dx = -\csc x + c$
十一	$\dfrac{d}{dx}\csc x = -\csc x \cdot \cot x$	$\displaystyle\int \csc x\cot x\,dx = -\csc x + c$
十二	$\dfrac{d}{dx}a^u = a^u \times l_n a \times \dfrac{du}{dx}$	$\displaystyle\int \dfrac{dx}{x} = l_n\lvert x\rvert + c$

（二）舉例說明

微分公式

1. $\dfrac{da}{dx} = 0$

2. $\dfrac{d}{dx}(ax) = a$

　例：$\dfrac{d}{dx}(3x) = 3$

3. $\dfrac{d}{dx}x^n = nx^{n-1}$

　例：$\dfrac{d}{dx}x^3 = 3x^{3-1} = 3x^2$

4. $\dfrac{d}{dx}(\dfrac{1}{x^n}) = \dfrac{d}{dx}(x^{-n}) = -nx^{-n-1}$

積分公式

1. $\displaystyle\int 0\,dx = 0$

2. $\displaystyle\int a\,dx = ax + c$

　例：$\displaystyle\int 3\,dx = 3x + c$

3. $\displaystyle\int x^n\,dx = \dfrac{1}{n+1}x^{n+1} + c$

　例：$\displaystyle\int x^3\,dx = \dfrac{1}{3+1}x^{3+1} + c = \dfrac{x^4}{4} + c$

4. $\displaystyle\int \dfrac{1}{x^n}\,dx = \int x^{-n}\,dx + c = \dfrac{1}{-n+1}x^{-n+1} + c$

例：$\dfrac{d}{dx}(\dfrac{1}{x^3}) = \dfrac{d}{dx}(x^{-3}) = -3x^{-3-1} = -3x^{-4} = -\dfrac{3}{x^4}$ 例：$\displaystyle\int \dfrac{1}{x^3}\,dx = \dfrac{1}{-3+1}x^{-3+1}+c = -\dfrac{1}{2x^2}+c$

（三）　$\dfrac{du}{dx}$

例：$\dfrac{d}{dx}(3x)^2 = 2\cdot 3x\cdot \dfrac{d(3x)}{dx} = 2\cdot 3x\cdot 3 = 18x$

比較：$\dfrac{d}{dx}3x^2 = 3\times 2x = 6x$

例：$\dfrac{d}{dx}\sin 3x = \cos 3x\cdot \dfrac{d(3x)}{dx} = 3\cos 3x$

（四）　分部微分法

$$\dfrac{d}{dx}(uv) = u\dfrac{dv}{dx} + v\dfrac{du}{dx}$$

例：$\dfrac{d}{dx}(xy) = x\dfrac{dy}{dx} + y$

（五）　分部積分法

$$\int u\,dv = uv - \int v\,du$$

例：$\displaystyle\int x\,d(\sin x) = x\sin x - \int \sin\,dx = x\sin x + \cos x + c$

（六） 全微分與偏微分之差異

全微分是將被微分的項目視為一體，偏微分是將不是偏微分者視為常數。

例：

$$\frac{d}{dx}(xy) = x\frac{dy}{dx} + y\frac{dx}{dx} = x\frac{dy}{dx} + y$$

$$\frac{\partial}{\partial x}(xy) = y$$

我們以 92 年的考古題偏微分為例，希望應考學生參照本篇（四）&（六）部份的介紹試著求解。

若 $(L/D) = \dfrac{C_L}{C_D} = \dfrac{C_L}{C_{D0} + KC_L^2}$

則 $\dfrac{\partial(L/D)}{\partial C_L} = \dfrac{\partial}{\partial C_L}\left(\dfrac{C_L}{C_{D0} + KC_L^2}\right) = \dfrac{\partial}{\partial C_L}\left[C_L(C_{D0} + KC_L^2)^{-1}\right]$

則

$$\frac{\partial}{\partial C_L}\left[C_L(C_{D0} + KC_L^2)^{-1}\right] = C_L \times \frac{\partial}{\partial C_L}\left(C_{D0} + KC_L^2\right)^{-1} + (C_{D0} + KC_L^2)^{-1} \times \frac{\partial C_L}{\partial C_L}$$

$$= C_L \times \left[-\frac{2KC_L}{\left(C_{D0} + KC_L^2\right)^2}\right] + \left[\frac{1}{\left(C_{D0} + KC_L^2\right)^2}\right] = \frac{-2KC_L^2 + C_{D0} + KC_L^2}{\left(C_{D0} + KC_L^2\right)^2} = \frac{C_{D0} - KC_L^2}{\left(C_{D0} + KC_L^2\right)^2}$$

簡易公式

很多同學在考試求解計算題時常因為公式記不熟及觀念不清楚以致於直接放棄。

其實在民航特考空氣動力學計算題所用的公式不多，本書在本部份將民航特考空氣動力學計算題常用的公式列出，希望同學千萬要熟記。除此之外，還必需徹底瞭解公式意義，才能靈活利用。

（一）公式一：密度、比容與質量的轉換

$$\rho \equiv \frac{m}{V} \ ; \ v \equiv \frac{V}{m} \Rightarrow m = \rho V \ ; \ v = \frac{1}{\rho}$$

（二）公式二：牛頓黏滯定律

$$\tau = \mu \frac{du}{dy}$$

（三）公式三：理想氣體方程式

$$P = \rho RT \ ; \ Pv = RT \ ; \ PV = mRT \ ; \ PV = n\overline{R}T$$

（四）公式四：壓力與空速的計算

1. 柏努利方程式 $P + \dfrac{1}{2}\rho V^2 = P_t$

2. 空速的計算 $V \equiv \sqrt{\dfrac{2(P_t - P)}{\rho}}$

（五）公式五：升力、阻力與空速的計算

1. 升力與阻力的公式

$$L \equiv \dfrac{1}{2}\rho V^2 C_L S$$

$$D \equiv \dfrac{1}{2}\rho V^2 C_D S$$

在此 L 表示升力；D 表示阻力；V 表示速度；S 表示面積。

2. 空速的計算

$$V = \sqrt{\dfrac{2L}{\rho C_L S}} \text{ 或 } V = \sqrt{\dfrac{2D}{\rho C_D S}}$$

（六）公式六：巡行速度的計算

$$V \equiv \sqrt{\dfrac{2W}{\rho C_L S}}$$

（七）公式七：失速速度的計算

$$V_{Stall} \equiv \sqrt{\dfrac{2W}{\rho C_{L\max} S}}$$

（八）公式八：薄翼升力理論

$$C_L = 2\pi\alpha$$
$$L = \frac{1}{2}\rho V^2 C_L S$$

（九）公式九：二維機翼升力理論

$$C_{L,\text{理論}} = 2\pi\sin(\alpha + \frac{h}{c})$$
$$L = \frac{1}{2}\rho V^2 C_L S$$

（十）公式十：三維機翼升力理論（有限機翼升力理論）

$$C_L = \frac{2\pi\sin(\alpha + \frac{2h}{c})}{1 + \frac{2}{AR}}$$
$$L = \frac{1}{2}\rho V^2 C_L S$$

（十一）公式十一：有限機翼理論

$$C_L = \frac{2\pi\sin(\alpha + \frac{2h}{c})}{1 + \frac{2}{AR}}$$
$$C_D = C_{D0} + \frac{C_L^2}{\pi AR}\text{，在此}C_{D0}\text{為零升力阻力係數。}$$

（十二）公式十二：音速的計算

$$a \equiv \sqrt{\left.\frac{\partial P}{\partial \rho}\right|_S} = \sqrt{\left.r\frac{\partial P}{\partial \rho}\right|_T}$$

因為理想氣體方程式 $P = \rho RT$ ，所以 $a = \sqrt{rRT}$

PS1：在考試時，R＆T應該都會給各位（或者給 P、ρ、v、
　　　V及m），各位必須記得的是 1. γ 代 1.4；2.壓力與溫
　　　度必須換算成絕對壓力與絕對溫度。

（十三）公式十三：馬赫速的計算

$$M_a \equiv \frac{V}{a}$$

（十四）公式十四：噴嘴（Nozzle）之截面積與速度關係式（Area-Velocity Relation）

$$\frac{dA}{A} = (M^2 - 1)\frac{dV}{V}$$

（十五）公式十五：Prandtl-Glauert rule

$$\frac{C_{P1}}{\sqrt{1 - M_{1\infty}^2}} = \frac{C_{P2}}{\sqrt{1 - M_{2\infty}^2}}$$ ，在此 C_{P1} 為不可壓縮流之壓力係數；
C_{P2} 為可壓縮流之壓力係數，M_∞ 為自由流（遠離物體的流場）
的馬赫數。

（十六）公式十六：速度的向量表示法（直角座標）

$$\vec{V} = (u, v, w) = u\vec{i} + v\vec{j} + w\vec{k}$$

（十七）公式十七：流線函數（Stream Function）的存在條件（二維不可壓縮流的判定式）

$$\nabla \bullet \vec{V} = 0$$

（十八）公式十八：勢流（potential flow）的存在條件（二維非旋性流場的判定式）

$$\nabla \times \vec{V} = 0$$

計算類型

　　本書在本部份將民航特考空氣動力學計算題常考的題目分成四大類，藉以讓考生能迅速辨明考題類型，解題與破題。

類型一：質量守恆定律（又稱流量公式）

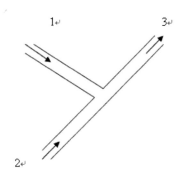

圖十五

　　如圖十五所示，進氣道 1、2 及 3 之間質流率的關係為 $\dot{m}_1 + \dot{m}_2 = \dot{m}_3$，在此質流率定義為 $\dot{m} \equiv \rho A V$，若流場為不可壓縮流（$M_a < 0.3$），則進氣道 1、2 及 3 存在 $Q_1 + Q_2 = Q_3$，在此 Q 為體流率，定義為 $Q \equiv A V$

類型二：求加速渡

$$加速度 \; \vec{a} = (\frac{\partial}{\partial t} + \vec{V} \bullet \nabla)\vec{V} = \frac{\partial \vec{V}}{\partial t} + (u\frac{\partial \vec{V}}{\partial x} + v\frac{\partial \vec{V}}{\partial y} + w\frac{\partial \vec{V}}{\partial z})$$

在此最重要的觀念是

（1） $\vec{V} = (u, v, w) = u\vec{i} + v\vec{j} + w\vec{k}$

（2） $\nabla \equiv \dfrac{\partial}{\partial x}\vec{i} + v\dfrac{\partial}{\partial y}\vec{j} + \dfrac{\partial}{\partial z}\vec{k}$

所以

$$\vec{V} \bullet \nabla = u\dfrac{\partial}{\partial x} + v\dfrac{\partial}{\partial y} + w\dfrac{\partial}{\partial z}$$

類型三：流線函數（Stream Function）的存在條件（二維不可壓縮流的判定）

$$\nabla \bullet \vec{V} = 0$$

（1） 在此最重要的觀念是

① $\nabla \equiv \dfrac{\partial}{\partial x}\vec{i} + v\dfrac{\partial}{\partial y}\vec{j} + \dfrac{\partial}{\partial z}\vec{k}$

② $\vec{V} = (u, v, w) = u\vec{i} + v\vec{j} + w\vec{k}$

所以

$$\nabla \bullet \vec{V} = \dfrac{\partial u}{\partial x} + \dfrac{\partial v}{\partial y} + \dfrac{\partial w}{\partial z}$$

（2） 在空氣動力學流線函數的判定及計算都是二維，切記！切記！

（3） 可能衍生的題型

① 流線函數（Stream Function）或二維不可壓縮流的判定

判定公式：$\nabla \bullet \vec{V} = 0$

② 由流線函數求二維流場速度：以 95 年考古題為例，若流場為 x-y（二維）不可壓縮流場，也就是：$\nabla \bullet \vec{V} = 0$，則 $u = \dfrac{\partial \varphi}{\partial y}, v = -\dfrac{\partial \varphi}{\partial x}$ ，φ 即為流線函數。

③ 由二維速度流場求流線函數：以 100 年考古題為例

（由速度求 φ ），請參考 100 年考古題。

類型四：勢流（potential flow）的存在條件（二維非旋性流場的判定）

$$\nabla \times \vec{V} = 0$$

（1）在空氣動力學勢流的判定及計算都是二維，切記！切記！

（2）在此最重要的觀念是

① $\nabla \equiv \dfrac{\partial}{\partial x}\vec{i} + v\dfrac{\partial}{\partial y}\vec{j} + \dfrac{\partial}{\partial z}\vec{k}$

② $\vec{V} = (u, v, w) = u\vec{i} + v\vec{j} + w\vec{k}$

所以

$$\nabla \times \vec{V} = \begin{vmatrix} \vec{i} & \vec{j} & \vec{k} \\ \dfrac{\partial}{\partial x} & \dfrac{\partial}{\partial y} & \dfrac{\partial}{\partial z} \\ u & v & w \end{vmatrix}$$

因為在空氣動力學勢流的判定都是二維，所以可用十字交叉法刪除其中一個變數並判定其值是否為 0。

（3）可能的題型

① **勢流（potential flow）或二維非旋性流場的判定**

判定公式： $\nabla \times \vec{V} = 0$

② 由 ϕ 求速度

公式

$$\vec{V} = \nabla\phi = \frac{\partial\phi}{\partial x}\vec{i} + \frac{\partial\phi}{\partial y}\vec{j} + \frac{\partial\phi}{\partial z}\vec{k}$$

與 $\vec{V} = u\vec{i} + v\vec{j} + w\vec{k}$ 比較，得 $u = \dfrac{\partial\phi}{\partial x}$; $v = \dfrac{\partial\phi}{\partial y}$; $w = \dfrac{\partial\phi}{\partial z}$

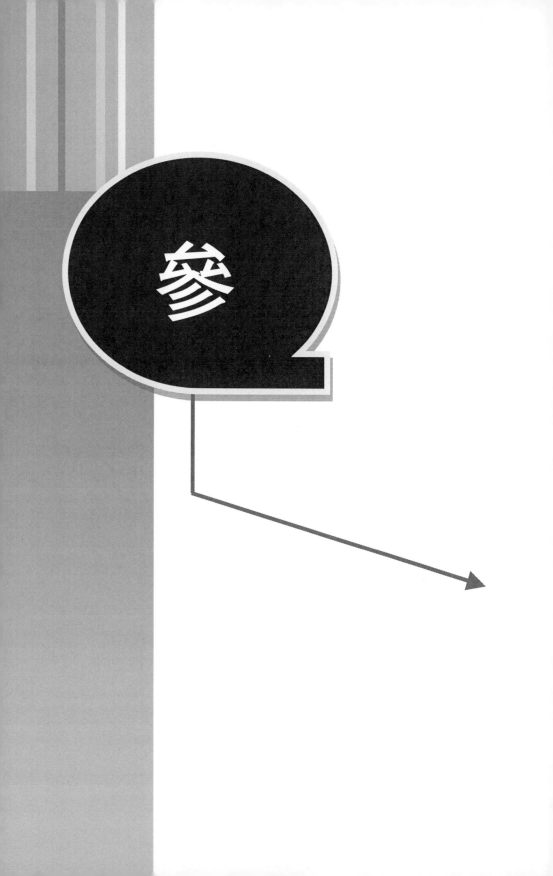

参考資料

由於本科目屬民航特考的考試科目，因此除注重空氣動力學的原理，尚注重航空工程的概念，因此在本書作者蒐集可能會考之相關航空工程部份內容，提供購買本書的同學參考。分列如下：

（一）飛行器的飛行速度

　　如圖十六所示，一般而言，輕（小）型飛機的飛行速度區域在 0.1~0.5Ma，商用客機約在 0.5~0.9Ma，是世界上至今最高速的載客航空器，最高速度可超過馬赫數 2，是世界第一架超音速客機也是目前唯一的一架超音速客機。惜因研發耗時與客機耗油，肇致成本過高而於 2003 年退役。目前近代的客機巡航速度約在多為 0.85 Ma，例如波音 747。

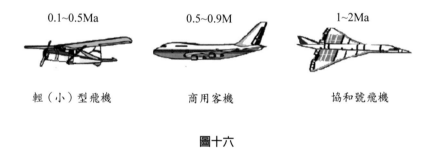

0.1~0.5Ma	0.5~0.9M	1~2Ma
輕（小）型飛機	商用客機	協和號飛機

圖十六

（二）次音速、穿音速與超音速飛機機翼的形狀

　　一般而言，次音速的飛機是採用梯形翼飛機；穿音速的飛機是採用後掠翼飛機；而超音速飛機是採用三角翼飛機。目前

大型客機巡航速度多為 0.85 馬赫左右，因此機翼均採用後掠角的設計。各種飛機的示意圖如圖十七所示。

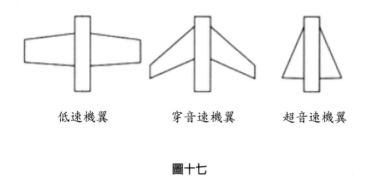

低速機翼　　　　穿音速機翼　　　　超音速機翼

圖十七

（三）常見有關機翼種類的問題與解答

1. 試述高低展弦比機翼氣動力的差異。

解答

　　高展弦比機翼的飛機在攻角增加時，升力係數會比低展弦比機翼的飛機增加快；但不易控制，亦容易過早失速，同時高展弦比機翼的飛機機翼也較易折斷。

2. 試述採用後掠角機翼的優缺點。

解答

　　後掠翼使用的原理主要是延遲震波，從而使飛行器更快更好地進入超音速。其優點是在次音速飛行時可有效提昇飛行之

臨界馬赫數，而且可以在超音速飛行時可減低震波阻力。其缺點是會損失部份的升力效果。

3. 試述採用三角機翼的優缺點

解答

優點是具有超音速阻力小、機翼剛性好，適合於超音速飛行和機動飛行。而其缺點是在次音速飛行狀態，機翼的誘導阻力較大、升阻比較小，從而影響飛機的航程和靈活性。

4. 試比較前後掠角機翼的異同

解答

前掠翼和後掠翼使用同樣的原理但用完全相反的方法延遲臨界馬赫數，減少在飛機巡航速度受到穿音速時阻力驟增的限制，從而使飛行器更好更快地進入超音速。但是前掠翼的氣流分離是發生在翼尖處，後掠翼是發生在翼根處，所以前掠翼的機翼在大速度下容易折斷，最好的解決辦法就是使用複合材料機翼，俄羅斯蘇-47 及美国的 X-29 技術驗證機基本解決了這個問題，但是前掠翼的設計組合隱身性能太差，所以現在的飛機絕大多數是後掠翼的。

5. 試述民航機延遲臨界馬赫數的方法

解答

　　近代高性能民航機多採後掠翼與超臨界翼型機翼延遲臨界馬赫數。

6. 試述超臨界翼型機翼的優缺點。

解答

　　臨界翼型機翼的優點是可以延遲臨界馬赫數，且可以消彌機翼上曲面局部超音速現象，也就是在穿音速的飛行速度區域無震波出現，但是其缺點是機翼強度不夠必須增加補強設計，這是美中不足的地方。

7. 試論述保持飛機三軸穩定的方法：

解答

　　飛機在空中會碰到亂流（Turbulence）或陣風（Wind gust）產生不穩定情況而改變飛行狀態，甚至偏離航向，如何讓飛機在受到干擾後能具備回到原來位置的趨勢是在飛機設計中相當重要的課題，其方法列舉如下：

（1）保持縱軸（俯仰）穩定（Longitudinal Stability）的方法：讓飛機具備縱軸穩定的方法計有水平安定面與調整飛機的配重等方法。

（2）保持側軸穩定（Lateral Stability）的方法：讓飛機具備側軸穩定的方法計有上反角（Dihedral Angle）與後掠角（Sweep Angle）等方法。

（3）保持方向穩定（Directional stability）的方法：讓飛機具備方向穩定的方法計有垂直安定面與後掠角（Sweep Angle）等方法。

PS：同學們在準備民航考試時，除了需知道保持飛機三軸穩定的方法外，還必須瞭解：1.六個自由度的觀念。2.飛機平衡與穩定的定義。3.三軸的定義。4.三軸穩定的定義。5.保持飛機三軸穩定方法的原理，因為這是同一類型的考題，希望同學在研讀時必須特別注意。

（四）航空發動機的分類

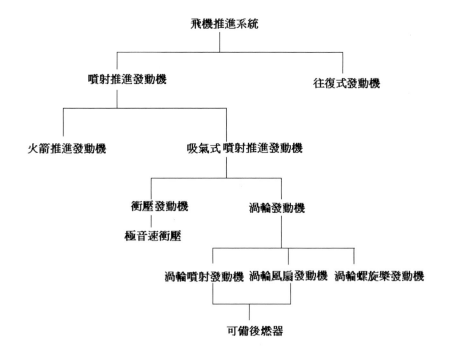

（五）常見之航空發動機的問題與解答

1. 試論述為何民航機不在低空飛行？

解答

　　在低空時，密度大，因此根據阻力公式 $D \equiv \frac{1}{2}\rho V^2 C_D S$，飛機在低空飛行阻力大，易耗油，所以民航機不在低空飛行，除此之外，能見度低、氣流不穩定、易受飛鳥撞擊以及噪音防制的問題亦是考量原因。

2. 試述渦輪發動機的類型以及何者並不裝用後燃器？

解答

　　渦輪發動機可分成渦輪噴射發動機（Turbojet Engine）、渦輪螺旋槳發動機（Turboprop Engine）以及渦輪風扇發動機（Turbofan Engine）三種類型，其中渦輪螺旋槳發動機（Turboprop Engine）不裝用後燃器。

3. 試述渦輪螺旋槳發動機（Turboprop Engine）不裝用後燃器的原因為何？

解答

　　因為渦輪螺旋槳發動機（Turboprop Engine）隨著飛行速度增加，而使阻力大增，會造成飛行上之瓶頸，所以不裝用後燃器。

4. 試述衝壓噴射發動機（Ramjet Engine）的基本架構與渦輪發動機的差異。

解答

衝壓噴射發動機無壓縮機和燃氣渦輪，進入燃燒室的空氣是利用高速飛行時的衝壓作用來增壓的。

5. 試述衝壓噴射發動機的優缺點。

解答

衝壓噴射發動機的優點是構造簡單，成本低廉；其缺點是無法在靜止狀態中操作運轉，必須在 0.2 馬赫以上之速度方可使用。

6. 試述渦輪噴射發動機（Turbojet Engine）的優缺點。

解答

渦輪噴射發動機的優點是具高空運轉的特徵；其缺點是無法要求其在低速時產生大推力。

7. 試述渦輪螺旋槳發動機（Turboprop Engine）的優缺點。

解答

渦輪螺旋槳發動機的優點是中、低空高度及次音速之空速下可產生較大的推力（空速為 0.5 馬赫時，其推進效率極佳）；

其缺點是隨著飛行速度增加，而使阻力大增，則會造成飛行上之瓶頸。

8. 試述渦輪風扇發動機（Turbofan Engine）會逐漸成為現代民航機與戰機的新主流。

解答

因為渦輪風扇發動機兼具渦輪噴射與渦輪螺旋槳發動機之優點，可具有渦輪螺旋槳發動機於低空速之良好操作效率與高推力，同時兼具渦輪噴射發動機之高空高速性能，所以會逐漸成為現代民航機與戰機的新主流。

9. 試解釋衝壓收回力之意義。

解答

衝壓收回力是藉由擴散作用收回在進氣道因摩擦、亂流以及其他因素所造成的壓力能損失。

10. 試解釋震波（shock wave）之意義。

解答

震波（Shock wave）：是氣體在超音速流動時所產生的壓縮現象，震波會導致總壓的損失，若震波與通過氣流的角度成 90^0，我們稱之為正震波（Normal Shock Wave），若震波與通過氣流的角度小於 90^0，我們稱之為斜震波（Oblique Shock Wave）。

11. 試述進氣道的功能。

解答

進氣道在渦輪發動機的功能有二：一是吸入空氣與減速增壓，另一則是提供穩定氣流給壓縮器。

12. 試述進氣道的工作原理

解答

在發動機理論探討中只有次音速氣流（$M_a < 1$ 之氣流）與超音速氣流（$M_a \geq 1$ 之氣流），在次音速時是利用衝壓原理（柏努利定律）來達到減速增壓的目的，而在超音速時則是利用震波來達到減速增壓的目的。

13. 試簡述壓縮器的種類。

解答

可分成離心式壓縮器與軸流式壓縮器二種類型。

14. 試簡述離心式壓縮器的組成元件。

解答

葉輪、擴散器以及壓縮器岐管。

15. 試述離心式壓縮器組成元件的功能。

解答

1. 葉輪：由高壓軸帶動，使氣流的速度以及壓力增加。
2. 擴散器：減速增壓達到壓力上升的目的。
3. 壓縮器岐管：改變氣流方向，使輸出氣流平順。

16. 試述軸流式式壓縮器組成元件的功能。

解答

1. 轉子（rotor）：轉子被渦輪以高速帶動，使氣流的速度以及
   壓力增加
2. 定子（stator）：減速增壓達到壓力上升的目的，除此之外，
   並能引導氣流以最佳角度進入次一級轉子葉片進行另一次工
   作流程。

17. 試比較離心式壓縮器與軸流式壓縮器的優劣。

解答

離心式壓縮器 （centrifugal compressor）	軸流式壓縮器 （axial compressor）
結構簡單	結構複雜
造價低廉	造價較高
為提高單級壓縮比，葉輪半徑要加大，影響前視面積	為提高壓縮比，需增加壓縮級數，將影響發動機長度

對單級而言，離心式壓縮器的壓縮比較大	由於軸流式壓縮器採多級壓縮，故整體而言，軸流式壓縮器的壓縮比要比單級的離心式壓縮器要大
高轉速時，葉輪葉尖速度會超過音速，而造成震波，降低壓縮效率。	高轉速時由於葉片半徑短，葉尖速度不易超過音速。

18. 試述壓縮器失速的原因。

解答

　　壓縮器失速乃是因為空氣流量不正常通過壓縮器所致；除此之外，空氣亂流與／或進氣口平穩氣流遭到阻礙，也是壓縮器失速的原因之一。

19. 試述壓縮器出口氣流進入燃燒室參與燃燒所佔比例，並說明其餘氣流的功用。

解答

　　壓縮器出口氣流僅有 25%進入燃燒室參與燃燒，其餘 75%用以冷卻燃燒室襯筒，再與燃氣混合後流向渦輪。

20. 試述後燃器之功能。

解答

　　基本上後燃器可說是一種再燃燒的裝置，於後燃器處再噴入燃油，使未充分燃燒的氣體與噴入的燃油混合再次燃燒，經

過可變噴口達到瞬間增加推力的目的。

21. 試論述後燃器之優缺點。

解答

　　後燃器的優點是在發動機不增加截面積及轉速的情況下，增加 50～70%之推力，且構造簡單，造價低廉，而其缺點是耗油量大，同時過高的氣體溫度也影響發動機的壽命。

22. 試述後燃器之功能與使用時機？

解答

　　後燃器的主要功能優點是在發動機不增加截面積及轉速的情況下，瞬間產生大推力，但是由於耗油量大，且容易傷害發動機的壽命，所以發動機開啟後燃器一般是有時間限制，通常是在戰鬥機起飛、爬升和最大加速等飛行階段才使用。

23. 發動機內部管路面積、速度與壓力間的關係

解答

　　就航空發動機的內部管路流場而言，有以下的關係：

　　$M_a \geq 0$ 面積變大，速度變大，壓力變小；面積變小，速度變小，壓力變大。

$M_a < 0$ 面積變大，速度變小，壓力變大；面積變小，速度變大，壓力變小。

PS：這也就是為什麼超音速戰機無法用漸縮噴嘴（converging nozzle），而必須使用細腰噴嘴（converging-diverging nozzle）的原因。

（六）常見單位轉換

項次	物理量	公制	英制	公英制轉換
一	質量	公斤(Kg) 1Kg=1000g	斯拉格(slug)	1slug=14.59Kg 1Kg=0.06854slug
二	長度	公里＆公尺 1Km=1000m 1m=100cm	哩＆呎 1mile=5280ft 1ft=12in	1m=3.281ft 1ft=0.3048m
三	速度	m/s＆km/h 1km/h = 0.2778m/s	ft/s＆mile/h(mph) 1mph= 1.467 ft/s	1 m/s =3.281 ft/s 1ft/s=0.3048 m/s
四	密度	Kg/m^3	$slug/ft^3$	$1slug/ft^3 = 515.2Kg/m^3$ $1Kg/m^3 = 0.00194\ slug/ft^3$
五	溫度	攝氏(°C) 凱氏(K) $K = °C + 273.15$	華氏(°C) 朗氏(°R) $°R = °F + 459.67$	$°F = 9/5 \times °C + 32$
六	體積	公升(L) $1L=1000cm^3$ $=0.001m^3$	加侖(gal)	1gal=3.7854L
七	力	牛頓(N)	磅(lbf)	1lbf=4.4482N 1N=0.2248lbf
八	壓力	帕斯卡(Pa) N/m^2	lbf/ft^2	$1\ lbf/ft^2=47.88\ Pa$ $1\ Pa=0.02089\ lbf/ft^2$
九	功能量	焦耳(J)N.m	BTU 1BTU=778.2 lbf·ft 1BTU=252 cal	1 BTU=1055J 1J=0.00948 BTU
十	功率	瓦(w)	馬力(HP) 1HP=550 lbf·ft/sec	1HP=746w

PS1： 本表主要是列舉出常見的物理量單位與公英制單位間轉換關係，考生熟背本表除了可以幫助瞭解題意之外，更能避免在計算時能不會因為單位轉換錯誤，而造成計算錯誤的問題。

PS2： 海浬或稱浬（nm）是航空界所常用的長度單位。1nm=1852m。

PS3： 節（kt）是一個專用於航海的速度單位，後延伸至航空方面。
1kt= 1 nm/h= 0.5144 m/s=1.852km/h=1.15078mph

（七）常用的物理量因次表（公制）

常用的物理量因次表（公制）								
物理量	符號	因次	物理量	符號	因次	物理量	符號	因次
(1)質量	m	M	(6)速度	V	LT^{-1}	(11)應力	τ	$ML^{-1}T^{-2}$
(2)長度	l	L	(7)加速度	a	LT^{-2}	(12)密度	ρ	ML^{-3}
(3)時間	t	T	(8)力	F	MLT^{-2}	(13)功率	P	ML^2T^{-3}
(4)面積	A or S	L^2	(9)功或能	W or E	ML^2T^{-2}	(14)絕對黏度	μ	$ML^{-1}T^{-1}$
(5)體積	V	L^3	(10)壓力	p	$ML^{-1}T^{-2}$	(15)運動黏度	ν	L^2T^{-1}

（八）常用之無因次參數表

常用之無因次參數表			
項次	名稱	公式	物理意義
一	雷諾數（R_e）	$R_e \equiv \dfrac{\rho V L}{\mu} \equiv \dfrac{V L}{\upsilon}$	慣性力對黏滯力的比值。
二	馬赫數（M_a）	$M_a \equiv \dfrac{V}{a}$	空速（飛機飛行速度）對音速的比值。
三	升力係數（C_L）	$C_L \equiv \dfrac{L}{\frac{1}{2}\rho V^2 S}$	升力對慣性力的比值。
四	阻力係數（C_D）	$C_D \equiv \dfrac{D}{\frac{1}{2}\rho V^2 S}$	阻力對慣性力的比值。
五	壓力係數（C_P）	$C_P \equiv \dfrac{D}{\frac{1}{2}\rho V^2 S}$	壓力對動壓的比值。

（九）各種襟翼的類型

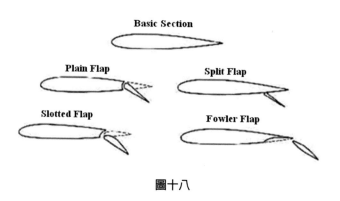

圖十八

1. 平式襟翼（Plain Flaps）：升力效應較小，現代飛機已較少
   使用。

2. 裂式襟翼（Split Flaps）：舊式飛機經常使用之襟翼類型，升力常數較低時阻力係數較大，但隨攻角增大時，阻力係數的增加較小。

3. 開縫式襟翼（Slotted Flaps）：現代最通行之襟翼型式，最常用於小飛機，可產生較簡式襟翼大之升力，此種襟翼的鉸接點位於機翼下的後方，當襟翼放下時，氣流會自襟翼與機翼之間形成的縫流過，避免氣流因大攻角而導致氣流與機翼上表面分離，造成阻力增加而升力減小，減少機翼失速的情況。

4. 佛勒式襟翼（Fowler Flaps）：現代飛機極為常用之機翼設計，不只改變機翼弧面的形狀，同時增加了機翼的面積。襟翼放下的方式不是靠鉸鍊而是靠後方的軌道滑下。放下第一段時，升力之增加較多，阻力之增加較少，但隨著襟翼放下的愈多，升力的增加愈少，但阻力的增加卻愈來愈少，故而當飛機起飛時，襟翼放下的角度小，而飛機降落時，放下的角度較大，原因即在此。

   PS：現代大型飛機使用的襟翼多為佛勒式襟翼型式的複式襟翼，且均有翼縫，以提高大型飛機機翼的升力。

（十）二種具有特殊意義的民航飛機

1. 協合號飛機（世界第一架超音速客機）

（1）**飛行速度**：協和號飛機是世界上至今最高速的載客航空器，最高速度可超過馬赫數 2，是世界第一架超音速客機也是目前唯一一架超音速客機。

（2）**外型特性：**協和號飛機的外型如圖十九所示，其機頭為尖形、機翼為 S 型前緣細長三角翼、機身細長，這些差異是都在在說明超音速客機（協和號飛機）在空氣動力設計上與目前飛機（如波音 747）的不同，其主要是為了減少超音速飛行（協和號飛機）時，飛機所承受的阻力。

圖十九

（3）**停用原因：**協和式客機共生產了 20 架，其中僅有 16 架投入運營。巨大的資金投入和漫長的研發過程使英法兩國政府蒙受了不小的經濟損失，法國航空 4590 號班機空難，旅客對其信心大減，之後的 911 事件又使國際民航業陷入危機，面對協和式客機慘淡的銷情以及第二次石油危機的影響，英航和法航決定協和號飛機執行完 2003 年 10 月 27 日的最後一次商業飛行後終止服務，並於同年 11 月 26 日完成「退役」航班後結束其 27 年的商業飛行生涯，從此無類似協和號商業客機服役，個人認為其主要的原因為 1.超音速客機技術先進，研發耗時。2.超音速客機耗油，成本過高應為自協和號客機退役的最主要原因，除此之外，亦有人認為噪音過大，亦是其主因之一。

2. 波音797（可承載1000人的客機）：

波音 797 客機的結構是波音公司與美國國家航空暨太空總署 NASA 蘭利研究中心共同研製的，外型如圖二十與圖二十一所示，目前最大客機 A380 載客僅可 555 人，而 797 的設計完全可以適用於 A380 起降的機場。其「機翼與機體混合結構」有幾大優點，最主要的是「提升比」大大提高達 50%，機身重量可減少 25%，因此燃油效率比 A380 提高 33%，高強度機體是 797 機翼機體混合式結構的另一主要優點，它可以減少空氣紊流對機體的壓力，提高燃油燃燒效率，致使 797 在滿載 1,000 名舒適乘客的負荷下續航能力 16,000 公里，速度達到 0.88 音速即每小時 1,046 公里，空中巴士 A380 的速度僅每小時 912 公里！波音797 客機的出現將使客機形式完全改觀。

圖二十

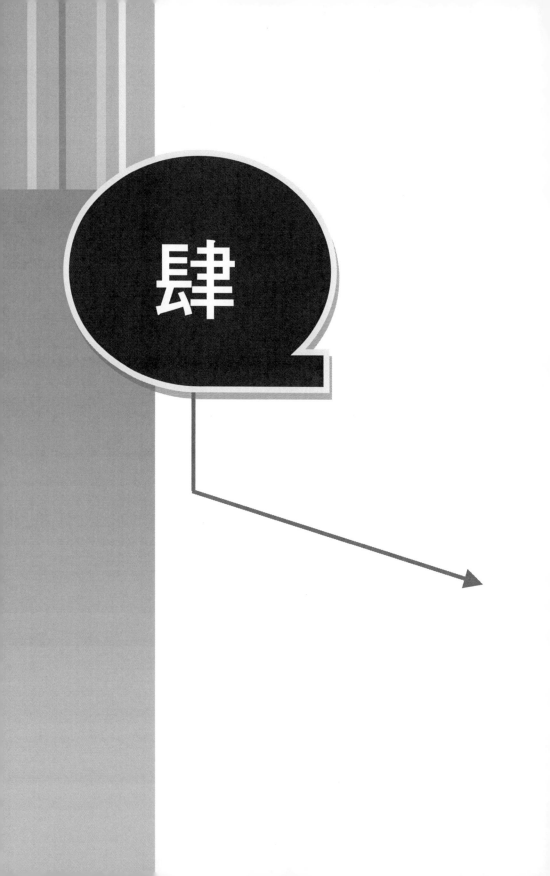

肆

歷年考古題
詳解

90 年民航人員考試試題
（空氣動力學第一試）

科　　目：空氣動力學

考試時間：二小時

※注意事項：

（一）不必抄題，作答時請將試題題號及答案依照順序寫在試卷上，於本試題上作答者，不予計分。

（二）禁止使用電子計算器。

一、試推導音速表示式 $a = \sqrt{(\frac{\partial P}{\partial \rho})_s}$，並說明在理想氣體情況下，音速僅為溫度的函數。

解答

（一）因為 $a = \sqrt{(\frac{\partial P}{\partial \rho})_s} = \sqrt{\gamma(\frac{\partial P}{\partial \rho})_T}$ ，且因為理想氣體方程式

$P = \rho RT$，所以 $\left.\frac{\partial P}{\partial \rho}\right|_T = RT$，因此 $a \equiv \sqrt{\left. r\frac{\partial P}{\partial \rho}\right|_T} \Rightarrow a = \sqrt{rRT}$ ，

故得證。

（二）就音速 $a = \sqrt{rRT}$ ，γ 及 R 均為常數，所以在理想氣體情況下，音速僅為溫度的函數。

PS：在音速的計算中，使用公式用的溫度都是絕對溫度（也就是 K 與 ^0R），同學必須特別注意溫度單位的轉換。

可能衍生出的問題

一、理想氣體方程式的公式、推導與應用。
二、理想氣體的特性。
三、常見的音速值。
四、利用馬赫數所做的流場分類。
五、不可壓縮流假設成立之馬赫數條件。
六、次音速流、穿音速流與超音速流之意義。
七、音速與大氣高度的關係與示意圖。

二、

（一）說明在超音速飛行時，何者為次音速翼前緣（Subsonic leading edge）？何者為超音速翼後緣（Supersonic trailing edge）？

（二）試證圖示機翼（Wing planform）形狀在 $M_\infty < \left[1 + (\frac{2c}{3b})^2\right]^{\frac{1}{2}}$ ，其翼前緣為次音速翼前緣

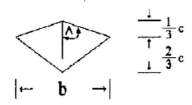

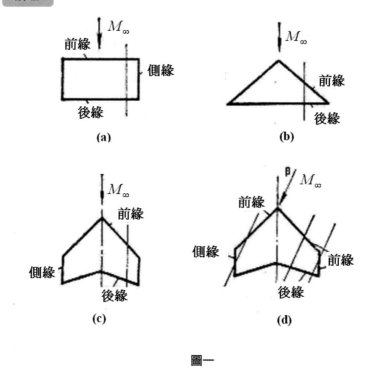

圖一

（一）如圖一，如果自由流(來流)相對於機翼前（後）緣的法向
分速小於音速（$M_{\infty n} < 1$），我們稱該前（後）緣為次音
速翼前（後）緣，反之若 $M_{\infty n} > 1$，我們稱該前（後）緣
為超音速翼前（後）緣，如果 $M_{\infty n} = 1$，我們稱該前（後）
緣為音速翼前（後）緣。

（二）超音速翼前緣與次音速翼前緣的幾何關係如圖二。

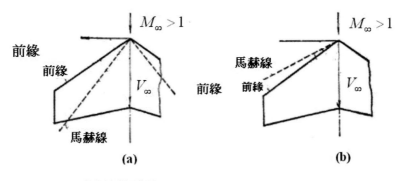

(a)

超音速翼前緣

(b)

次音速翼前緣

圖二

因為馬赫線的角度 $\theta = \sin^{-1} \dfrac{1}{M_\infty}$

機翼的角度 $\alpha = \sin^{-1} \dfrac{\dfrac{b}{2}}{\sqrt{(\dfrac{c}{3})^2 + (\dfrac{b}{2})^2}} = \sin^{-1} \dfrac{1}{\left[1 + (\dfrac{2c}{3b})^2\right]^{\frac{1}{2}}}$

由圖二幾何關係可知：若 $\theta > \alpha$，則翼前緣為次音速翼前緣。

而 $\theta > \alpha \Rightarrow \dfrac{1}{M_\infty} > \dfrac{1}{\left[1 + (\dfrac{2c}{3b})^2\right]^{\frac{1}{2}}}$ ，則 $M_\infty < \left[1 + (\dfrac{2c}{3b})^2\right]^{\frac{1}{2}}$

因此若 $M_\infty < \left[1 + (\dfrac{2c}{3b})^2\right]^{\frac{1}{2}}$，則此機翼之翼前緣為次音速翼前緣。

故得證。

PS1：本題與「次音速流、穿音速流與超音速流的定義」
的考題類型截然不同，請同學千萬不要搞混。

PS2：在本題同學必須千萬熟記馬赫角的觀念，並注意馬
赫角與馬赫數之間的關係。

可能衍生出的問題

一、馬赫角的公式與應用。
二、馬赫角與馬赫數的關係。

三、空氣的動黏滯性（kinematic viscosity）$\upsilon = 1.5 \times 10^{-5} \, m^2 / \sec$，
$v = 20m/\sec$ ， $\dfrac{\partial P}{\partial x} = 0$ ，流過固定平板時速度分布為
$\dfrac{u}{v} = \dfrac{3}{2}\dfrac{y}{\delta} - \dfrac{1}{2}(\dfrac{y}{\delta})^3$ ，試求平板端緣後 $L = 0.03m$ 處，邊界層的
厚度 δ 。

解題注意事項

一般人看到這題只想到 $u(\delta) \equiv 0.99U_0$ ，因此陷入死胡同而不能
自拔。本題平板流的解析是邊界層的古典問題，而且是層流平板
流的解析問題，解題重點為（1）雷諾數（R_e）的計算（2）邊
界層厚度與雷諾數的關係。

解答

（一）因為 $R_e \equiv \dfrac{vL}{\upsilon} = \dfrac{20 \times 0.03}{1.5 \times 10^{-5}} = 4 \times 10^4$ ，所以此問題為層流平
板流的解析問題。

（二）因此邊界層厚度為 $\delta = \dfrac{5.0}{\sqrt{R_e}} \times L = 7.5 \times 10^{-4} (m)$ 。

一、雷諾數（R_e）的計算。

二、利用雷諾數所做內部流場的分類。

三、吹除厚度的定義

四、「層流平板流的解析問題」與「紊流平板流的解析問題」的判定。

五、「層流平板流的解析問題」的計算，例如邊界層厚度、吹除厚度、摩擦係數以及阻力係數等參數的計算。

六、「紊流平板流的解析問題」的計算，例如邊界層厚度、吹除厚度、摩擦係數以及阻力係數等參數的計算。

四、已知等熵可壓縮流在管道中流動，已知進口處 M1=0.3，截面積 A1=0.001m2，壓力 P=650 kPa，T1=62℃，出口處 M2=0.8，試求出口速度 V2 及 $\frac{P_2}{P_1}$ 的值，並請繪出該管道的形狀（設該流體為空氣）。

解題注意事項

一般人看到這題只想到 $Q_1 = Q_2$；$Q \equiv AV$，因此陷入死胡同而不能自拔，本題的解題重點必須從等熵可壓縮流著手，在此先介紹

（一）等熵過程的成立條件：(1)理想氣體(2)無摩擦(3)絕熱(4)C_P & C_V 為常數。

（二）等熵過程的關係式為 $\frac{P_2}{P_1} = (\frac{T_2}{T_1})^{\frac{r}{r-1}} = (\frac{\rho_2}{\rho_1})^r$ ；$r = 1.4$

（三）空氣的氣體常數 0.287KJ/Kg-k

（四）這個題目是用來做發動機性能計算的，同學做此題目必須要使用 $\frac{T_t}{T} = 1 + \frac{r-1}{2}M^2$ ； $\frac{P_t}{P} = (1 + \frac{r-1}{2}M^2)^{\frac{r}{r-1}}$ ； $r = 1.4$ 之公式作答。

解答

（一）因為 $\frac{T_t}{T} = 1 + \frac{r-1}{2}M^2$ ；所以

$$\frac{T_2}{T_1} = \frac{\dfrac{T_t}{T_1}}{\dfrac{T_t}{T_2}} = \frac{1 + \dfrac{r-1}{2}M_1^{\,2}}{1 + \dfrac{r-1}{2}M_2^{\,2}} = \frac{1 + 0.2 \times 0.3^2}{1 + 0.2 \times 0.8^2} = \frac{1.018}{1.128} = 0.902$$

$$T_2 = 0.902 \times T_1 = 0.902 \times (62 + 273)K = 302.2K = 29.2^0 C$$

出口處的音速

$$a = \sqrt{rRT} = \sqrt{1.4 \times 0.287 \times 1000 \times 302.2} = 348m/\sec$$

出口處的速度為 $V_2 = M_2 \times a = 0.8 \times 348 = 278.4m/\sec$

（二）因為 $\frac{P_t}{P} = (1 + \frac{r-1}{2}M^2)^{\frac{r}{r-1}}$

$$\frac{P_2}{P_1} = \frac{\dfrac{P_t}{P_1}}{\dfrac{P_t}{P_2}} = \frac{(1 + \dfrac{r-1}{2}M_1^{\,2})^{\frac{r}{r-1}}}{(1 + \dfrac{r-1}{2}M_2^{\,2})^{\frac{r}{r-1}}} = 0.902^{3.5} = 0.7$$

（三）因從題目看出速度為次音速，且為增速，故管道為漸縮
噴嘴形狀，如圖三所示。

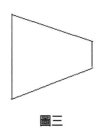

圖三

PS1：本題與「流量公式」的考題類型截然不同，請同學
　　　千萬不要搞混。

PS2：本題在計算中，同學必須特別注意溫度單位的轉換。

PS3：欲繪出該管道的形狀，同學必須先瞭解截面積與速
　　　度關係式（Area-Velocity Relation）$\dfrac{dA}{A} = (M^2 - 1)\dfrac{dV}{V}$ 的
　　　意義。

可能衍生出的問題 ▶

一、等熵過程的成立條件。

二、等熵過程的特性。

三、$\dfrac{T_t}{T} = 1 + \dfrac{r-1}{2}M^2$ 之公式推導。

四、$\dfrac{P_t}{P} = (1 + \dfrac{r-1}{2}M^2)^{\frac{r}{r-1}}$ 之公式推導。

五、面積與速度關係式（**Area-Velocity Relation**）的公式與應用。

92 年民航人員考試試題

科　　目：空氣動力學

考試時間：二小時

※注意事項：

（一）不必抄題，作答時請將試題題號及答案依照順序寫在試卷上，於本試題上作答者，不予計分。

（二）禁止使用電子計算器。

一、某飛行器的阻力與升力係數有以下關係：

$C_D = C_{D0} + KC_L{}^2$ 其中 C_D 為阻力係數，C_L 為升力係數，C_{D0} 與 K 可視為常數。

證明此飛行器的最大升阻比 $(L/D)_{max}$ 與在最大升阻比的升力係數分別為：

$$(L/D)_{max} = \frac{1}{2\sqrt{KC_{D0}}}$$

$$C_{L(L/D)_{max}} = \sqrt{\frac{C_{D0}}{K}}$$

解答

如題，$(L/D) = \dfrac{C_L}{C_D} = \dfrac{C_L}{C_{D0} + KC_L{}^2}$ ，若求其極值，則 $\dfrac{\partial(L/D)}{\partial C_L} = 0$ 。

因 $\dfrac{\partial(L/D)}{\partial C_L} = \dfrac{C_{D0} - KC_L{}^2}{(C_{D0} + KC_L{}^2)^2}$

所以此飛行器的最大升阻比在 $C_{D0} - KC_L{}^2 = 0$

因此 $C_{L(L/D)_{\max}} = \sqrt{\dfrac{C_{D0}}{K}}$

將 $C_{L(L/D)_{\max}} = \sqrt{\dfrac{C_{D0}}{K}}$ 代入 $(L/D) = \dfrac{C_L}{C_D} = \dfrac{C_L}{C_{D0} + KC_L{}^2}$

可得 $(L/D)_{\max} = \dfrac{1}{2\sqrt{KC_{D0}}}$。

故得證。

二、解釋以下名詞：

（一）庫塔條件（Kutta Condition）

（二）穿音速截面法則（Transonic Area Rule）

（三）波阻力（Wave Drag）

（四）導致攻角（Induced Angle of Attack）

解答

（一）所謂庫塔條件（Kutta-Condition）是說對於一個具有尖銳
尾緣之翼型而言，流體無法由下表面繞過尾緣而跑到上
表面，而翼型上下表面流過來的流體必在後緣會合。如
果後緣夾角不為 0，則後緣為停滯點，表示速度為 V_1
$= V_2 = 0$（因為沿流線方向則速度會有兩個方向，對同一
後緣點而言不合理，所以只能為 0），如果後緣夾角為
0，同一點 P 相等，則 $V_1 = V_2 \neq 0$，由上述也可知，在
尖尾緣處，其上下翼面的壓力相等。

（二）所謂穿音速面積定律（Transonic area rule）是說飛機在穿音速飛行時，如果沿縱軸的截面積（以從機頭至機尾的飛機中心來看飛機的截面積）的變化曲線越平滑的話，產生的穿音速阻力就會越小，這也就是超音速飛機「蜂腰」的來源。

（三）因為震波的形成所產生的阻力，我們稱之為波阻力（Wave Drag），通常在馬赫數到達 0.8 的時候，震波開始出現，此時我們必須考慮波阻力造成的影響。

（四）機翼的翼端部因上下壓力差，空氣會從壓力大往壓力小的方向移動，而從旁邊往上翻，使得有效攻角變小，並造成額外的阻力，我們稱這種阻力為誘導阻力，而原本的攻角與有效攻角之差為導致攻角（Induced Angle of Attack）。

三、說明：

（一）機翼為何要設計成後掠（Sweptback）的氣動力原理？

（二）後掠翼對於處於翼梢附近的控制面有何影響？

（三）後掠翼與前掠翼的設計各有何優缺點？

解答

（一）

　　近代高性能民航機為改善飛機巡航速度受到穿音速時阻力驟增的限制，多採後掠角，一般而言，後掠翼的功用可延遲機翼的臨界馬赫數到 0.87 左右。後掠翼延遲臨界馬赫數的原理如

圖一所示，若飛機的飛行馬赫數是 M1，後掠角是 θ，流經弦長正交方向的馬赫數 M2=M1×COSθ，θ 越大，M2 越小，所以具大後掠角機翼可以擁有較大之臨界馬赫數。

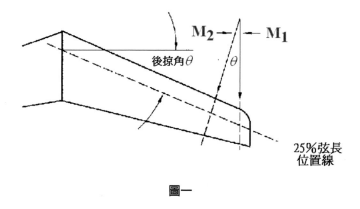

圖一

（二）

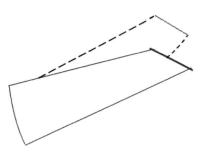

後掠翼上揚，攻角變小

圖二

如圖二所示，後掠翼的結構簡單，對陣風的反應較佳。當陣風吹來時，後掠翼的翼尖向上揚起，攻角自動減小，因此升力減低，施於機翼結構上的彎曲力矩也減小，不致發生安全上的問題。

（三）

1. 後掠翼的優點是可以延遲臨界馬赫數，減少在飛機巡航速度受到穿音速時阻力驟增的限制，從而使飛行器更好更快地進入超音速。其缺點有（1）由於翼展方向的負荷分布在翼端較大，而且翼端有邊界層的疊積，所以產生翼端失速（tip－stalling）（2）後掠翼通常具有較低的展弦比，因而在高攻角時，增加了誘導阻力（induced drag）（3）空氣動力學的特性在翼端較差，所以後掠翼飛機的側向控制較不理想。

2. 前掠翼和後掠翼使用同樣的原理但用完全相反的方法延遲臨界馬赫數，其優點是（1）較後掠翼有著更大的升力（2）飛機截面積的分布影響著超音速阻力，前掠翼的截面積分布曲線較為平滑，沒有突起突降的情形發生，因此阻力小了許多。但其缺點有（1）前掠翼的機翼在大速度下容易折斷（2）結構上的不穩定。機翼承受負荷時會發生撓曲，增加飛機的攻角，導致機翼的負荷增加。這種結構上的不穩定稱之為發散性，隨著前掠角度的增加，這種趨勢更加顯著。為了克服發散性，勢必要增強機翼的強度，因而造成沉重的機翼，導致全機的重量增加，影響飛行性能。然而

近年發明的複合材料已廣泛地運用在飛機上，已大幅的解決此一問題。

四、具有升力的機翼在下游處會有翼尾緣渦流（Trailing Vortex）形成，請說明翼尾緣渦流形成的原因及其對升力的影響。在機場管制飛機起降，通常要有一定的隔離時間，試問此隔離時間與上述翼尾緣渦流及飛機起飛重量有關嗎？其理為何？

解答

（一）如圖三所示，當機翼產生升力時，機翼下表面的壓力比上表面的大，而機翼長度又是有限的，機翼的翼端部因上下壓力差，所以下翼面的高壓氣流會繞過兩端翼尖，向上翼面的低壓區流去，就造成由外往內的渦流，並向後延伸。

（二）此一現象會使有效攻角變小，並造成額外的阻力，我們稱這種阻力為誘導阻力，而原本的攻角與有效攻角之差為導致攻角（Induced Angle of Attack），由於攻角變小，相對升力亦隨之變小。

圖三

（三）跟在大飛機後面起降的小飛機，如果距離太近會被捲入大飛機留下翼尖渦流中，而發生墜機事故。大型噴射客機所產生的翼尖渦流，其體積甚至可以超過一架小飛機，且留下的翼尖渦流有時可以持續數分鐘仍不散去，這也就是機場航管人員管制飛機起降，通常要有一定隔離時間的原因。

（四）翼尾緣渦流的大小與飛機的起飛重量有關，因為飛機的起飛重量大，所需的推力大，相對的翼尾緣渦流就大，隔離時間就長。

可能衍生出的問題

一、何謂飛機的尾流效應（Wake effect）？其成因為何？【本題解答（一）】

二、為什麼它會影響飛機的飛行性能？【本題解答（二）與（三）】

94 年民航人員考試試題

一、探討空氣流經飛機之空氣動力學時，可將阻力（drag）分為那四類？敘述各類阻力之來源。

解答

（一）一般而言，我們可把飛機飛行所承受的阻力分成摩擦阻力、形狀阻力、誘導阻力以及干擾阻力等四類（各類阻力之來源如後述），當超音速飛行時，我們還需考慮因為震波所造成的震波阻力。

（二）各類阻力之來源分述如下：

1. 摩擦阻力：空氣與飛機摩擦所產生的阻力。

2. 形狀阻力：物體前後壓力差引起的阻力，飛機做得越流線形，形狀阻力就越小。

3. 誘導阻力：機翼的翼端部因上下壓力差，空氣會從壓力大往壓力小的方向移動，而從旁邊往上翻，因而在兩端產生渦流，因而產生阻力。

4. 干擾阻力：空氣流經飛行物各組件交接點時所衍生出來的阻力。

PS：我們在設計飛機時，我們希望提高升力與推力，降低阻力，希望各位同學掌握此要點準備此一類型考題。

可能衍生出的問題

一、航空器之阻力係數與馬赫數之定性關係圖。

二、一般物體所承受的阻力。

三、說明高爾夫球表面為何設計成凹凸面。

四、說明兵乓球表面為何是光滑的設計？

五、誘導阻力所造成的影響。

六、震波阻力的意義與產生原因。

七、如何降低各種阻力？

二、在空氣動力學中，何謂攻角（angle of attack）？何謂彎度
（camber）？繪出不可壓縮空氣流（incompressible flow）流
經具有正彎度翼剖面（airfoils with positive camber）所產生之
升力係數（C_L）與攻角定性關係圖，並說明該圖之特性。

解答

（一）攻角（Angle of Attack；A.O.A）：自由流與弦線的夾角。

（二）Camber（彎度）：中弧線最大高度與弦線之間的距離。

（三）

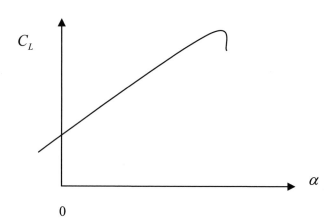

從上圖可知，由於機翼為正彎度翼剖面，所以零升力攻角在攻角 α 為負的位置，升力係數曲線在到達失速攻角（或臨界攻角）前，升力與攻角成正比；當攻角達到失速攻角（或臨界攻角）時，因為會產生流體分離現象。升力會大幅下降。此時飛機無法再繼續飛行，我們稱之為失速。

PS：本題同學若用有限機翼升力理論去解釋將更能了解其意義。

> **可能衍生出的問題**

一、機翼翼葉切面之各部名詞。
二、利用馬赫數所做外部流場的分類。
三、二維機翼升力的計算。
四、有限機翼升力理論。
五、薄翼理論。

三、何謂阻力發散馬赫數（drag-divergence Mach number）？何謂音障（sound barrier）？為了處理飛機接近音速飛行之大阻力問題，在飛機空氣動力學設計方面，有那些方法（列舉四種）？

> **解答**

（一）在翼切面阻力急速增加的情況下，若阻力係數對馬赫數的斜率等於 0.1 時，我們稱其自由流的馬赫數為阻力發散馬赫數（drag-divergence Mach number）。

（二）音障（Sound barrier）：當物體（通常是航空器）的速度接近音速時，將會逐漸追上自己發出的聲波。此時，由於機身對空氣的壓縮無法迅速傳播，將逐漸在飛機的迎風面及其附近區域積累，最終形成空氣中壓力、溫度、速度、密度等物理性質的一個突變面──震波。所以我們可以將「音障」解釋為「**飛機接近音速時，壓迫空氣而產生震波，導致阻力急遽增大的一種物理現象**」。

（三）為了處理飛機接近音速飛行之大阻力問題，在飛機空氣動力學設計方面，我們可採取前掠翼以及後掠翼延遲臨界馬赫數，超臨界翼型機翼除可延遲臨界馬赫數，更可消彌在穿音速時機翼上曲面的局部超音速現象；除此之外，我們可以利用穿音速面積定律（Transonic area rule），削減機翼處的機身（機身收縮）以及把機身（機翼連接以外區域）截面積加大。

可能衍生出的問題

一、臨界馬赫數的意義。
二、最大升力係數的意義。
三、次音速流、穿音速流與超音速流流場的意義。
四、穿音速面積定律的意義。
五、震波的意義。

四、何謂襟翼（flap）？何謂 leading edge slat？其在飛機上主要用途為何？其原理為何？

解答

（一）民航機的機翼，為了符合高速巡航以及低速起飛、落地的需求，在機翼上裝有高升力（High Lift Devices）裝置，若裝置在機翼前緣，我們稱之為翼條（SLAT），若裝置在機翼後緣，我們稱之為襟翼（FLAP）。

（二）使用襟翼及主要是用來增加升力，藉由縮短起飛時跑道的距離。除此之外，當然在降落時使用襟翼，可增加迎面面積，縮短降落時的所須跑道距離。

（三）使用襟翼主要是增加翼型的彎度來增加升力，讓飛機在低速時即獲得較大的升力，使用翼條（Slat）可以使失速攻角（或臨界攻角）延後，進而提高升力。在降落時，展開襟翼可同時增加升力與阻力，使得飛機減低速度並獲足夠升力。

PS：由於「SLAT」在坊間書籍與民航考題翻譯多不相同，有的人翻成「前緣襟翼」，有的翻成「小條板」，有的翻成「翼條」，這幾種翻譯都代表同一個意義，民航考題在此名詞後都會做括弧附上英文，避免考生誤解，建議考生以考試題目翻譯，避免讓閱卷老師誤會，導致不必要的扣分。

五、以民航客機波音 747 及英法合製協和號（Concorde）飛機為例，敘述此二飛機之機頭、機翼、機身及引擎進氣道等外型特徵。就空氣動力而言，說明為何有此設計上差異？

協和號客機自 70 年代服役後，到目前為止，為何未再有類似協和號商業客機服役？

解答

（一）協和號飛機是世界上至今最高速的載客航空器，最高速度可超過馬赫數 2，波音 747 是全球首架廣體噴射客機，自從 1969 年投 產以來，一直是全球最大的民航機，其飛行速度與其它同類型飛機差不多，時速達 0.85 馬赫，兩者外形如圖示：

協和號

波音 747

　　就外形而言，波音 747 機頭為鈍形、機翼後掠角不大、機身寬厚，而協和號機頭為尖形、機翼為 S 型前緣細長三角翼、機身細長，這些差異是都在在說明超音速客機（協和號飛機）在空氣動力設計上與目前飛機（如波音 747）的不同，其主要是為了減少超音速飛行（協和號飛機）時，飛機所承受的阻力。除此之外，協和號飛機的進氣道也經過了特殊設計。所有常規噴氣發動機

都只能吸收速度約 0.5 馬赫的氣流，因此巡航速度達 2 馬赫的協和式客機必須將超音速的進氣速度減慢至次音速，否則發動機效率會大大降低，並可能引發發動機喘振等問題。

（二）　協和式客機共生產了 20 架，其中僅有 16 架投入運營。巨大的資金投入和漫長的研發過程使英法兩國政府蒙受了不小的經濟損失，法國航空 4590 號班機空難，旅客對其信心大減，之後的 911 事件又使國際民航業陷入危機，面對協和式客機慘淡的銷情以及第二次石油危機的影響，英航和法航決定協和號飛機執行完 2003 年 10 月 27 日的最後一次商業飛行後終止服務，並於同年 11 月 26 日完成「退役」航班後結束其 27 年的商業飛行生涯，從此無類似協和號商業客機服役，個人認為其主要的原因為 1. 超音速客機技術先進，研發耗時。2. 超音速客機耗油，成本過高應為自協和號客機退役的最主要原因，除此之外，亦有人認為噪音過大，亦是其主因之一。

95 年民航人員考試試題

一、請針對一速度為不可壓縮流之機翼剖面（Airfoil），詳細說明其產生升力之機制，在你的敘述中請務必包含庫塔條件（Kutta Condition）之討論。

解答

（一）所謂庫塔條件（Kutta-Condition）是說對於一個具有尖銳尾緣之翼型而言，流體無法由下表面繞過尾緣而跑到上表面，而翼型上下表面流過來的流體必在後緣會合。如果後緣夾角不為 0，則後緣為停滯點，表示速度為 $V_1 = V_2 = 0$（因為沿流線方向則速度會有兩個方向，對同一後緣點而言不合理，所以只能為 0），如果後緣夾角為 0，同一點 P 相等，則 $V_1 = V_2 \neq 0$，由上述也可知，在尖尾緣處，其上下翼面的壓力相等。

（二）基於 Kutta 條件，空氣流過機翼前緣（Leading Edge）時，會分成上下兩道氣流，並於機翼尾端（Trailing Edge）會合，所以對於一個正攻角的機翼而言，因為流經機翼的流體無法長期的忍受在尖銳尾緣的大轉彎，因此在流動不久就會離體，造成一個逆時針之渦流，使得流體不會由下表面繞過尾緣而跑到上表面，我們稱此渦流為啟始渦流（starting votex），隨著時間的增加，此渦流會逐

漸地散發至下游，而在機翼下方產生平滑的流線，此時升力將完全產生。

二、何謂流線（Streamline）及流線函數（Stream Function）？請詳述此二者之關係及其物理意義。

解答

（一）流線（stream line）的意義：在流線的每一點的切線方向，為流體分子的速度方向。

（二）若流場為二維不可壓縮流場，也就是：$\nabla \bullet \vec{V} = 0$，則 $u = \dfrac{\partial \varphi}{\partial y}, v = -\dfrac{\partial \varphi}{\partial x}$，$\varphi$ 即為流線函數。

（三）由上可知流場流動一定會有流線存在，而流線函數是基於二維不可壓縮流場的假設求出，二者均可藉以求出流場的速度。

可能衍生出的問題

一、流線、煙線、跡線及時線的定義。
二、流線函數（Stream Function）或二維不可壓縮流的判定。
三、利用流線函數求二維流場速度。
四、位勢函數（potential Function）的定義與存在條件。
五、勢流（potential flow）的存在（二維非旋性流場）的判定。
六、利用位勢函數求流場的速度。

三、何謂平均空氣動力弦長（Mean Aerodynamic Chord）？何謂空氣動力中心（Aerodynamic Center）？當飛行器速度由馬赫數 0.3 增加到 1.4 時，其空氣動力中心位置有何變化？

解答

（一）所謂弦長（chord）是指機翼前緣與後緣之間的距離，一般飛行器從翼根到翼尖各個位置的翼弦長度不盡相同，在分析飛行器的性能時，通常使用其平均值，這就是平均空氣動力弦長（Mean Aerodynamic Chord）的意義。

（二）一般而言，空氣動力力矩是攻角 α 的函數。但在翼剖面上有一點，會讓力矩不隨著攻角 α 而變，此點就是空氣動力學中心（AC, Aerodynamic Center）。

（三）空氣動力中心為一不受攻角影響之位置，當為次音速時，其為 1/4 翼表面位置，超音速時，為 1/2 翼表面位置。

可能衍生出的問題

一、機翼翼葉切面之各部名詞。
二、重心與空空氣動力中心的關係。

四、請詳細說明下列空氣動力裝置之外形、功能或目的
（一）翼端小翼（Winglet）
（二）超臨界機翼剖面（Supercritical Airfoil）

解答

（一）翼端小翼（Winglet）：設置在翼尖處，並向上翹起之平面，能透過改變翼尖附近的流場從而削減翼尖因上下表面壓力不同所產生之渦流。

（二）飛機巡航速度受到穿音速時阻力驟增的限制，利用後掠翼可使機翼的臨界馬赫數增加，到 0.87 左右（傳統翼型約為 0.7），若想要延遲臨界馬赫數，則一個重要方法為使用超臨界機翼，目前超臨界翼型可使飛機在馬赫數到 0.96 左右，上表面才會出現馬赫數等於 1 的現象，且機翼上曲面局部超音速現象會被消彌，也就是無震波出現。超臨界機翼的特徵為上表面比較平坦，使得飛機飛行的速度速度超過臨界馬赫數後，為一無明顯加速的均勻超音速區域，由於上表面較平坦，所以升力減小，為了補足升力，一般會將後緣的下表面做成內凹以增加後段彎度，其能增加升力。

可能衍生出的問題

一、誘導阻力的意義。
二、降低誘導阻力的方法。
三、誘導阻力所造成的影響。
四、次音速流、穿音速流與超音速流流場的意義。
五、震波的意義。

五、請詳述在超音速時，各種震波（Shock Waves）及膨脹波（Prandtl-Meyer Expansion Waves）之產生機制及其影響，吾人如何減緩其影響？

解答

（一）震波（Shock wave）：是氣體在超音速流動時所產生的壓縮現象，震波會導致總壓的損失，若震波與通過氣流的角度成 90^0，我們稱之為正震波（normal Shock wave），若震波與通過氣流的角度小於 90^0，我們稱之為斜震波（Oblique Shock wave）。

（二）

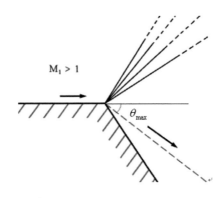

　　　　如圖所示，當超音速氣流流繞外凸角所產生的膨脹加速的流動，我們稱為膨脹波（Prandtl-Meyer Expansion Waves）。

（三）通常可利用三角翼之翼型，增大後掠角之角度，可減緩其所造成的影響。

96 年民航人員考試試題

一、

（一）請列出白努力方程式（Bernoulli's Equation）？

（二）請寫出其方程式之基本假設。

（三）試問世上可有流體「無黏性」？

（四）具黏性流體可否應用白努力方程式？

解答

（一）若考慮高度的差異，白努力方程式為

$$P_1 + \frac{1}{2}\rho V_1^2 + \rho g h_1 = P_2 + \frac{1}{2}\rho V_2^2 + \rho g h_2 = cons \tan t$$

若忽略高度的差異，則白努力方程式可化簡為

$$P_1 + \frac{1}{2}\rho V_1^2 = P_2 + \frac{1}{2}\rho V_2^2 = cons \tan t$$

（二）白努力方程式的四項基本假設為：穩態、無摩擦、不可
壓縮流體、沿著同一流線。

（三）任何流體流動一定會有黏滯效應，所以「無黏性」流體
是絕對不存在。

（四）如（二）所述，白努力方程式的四項基本假設之一即是
無摩擦，也就是假設，流體的黏滯性不存在，是以用其
來計算流體流場壓力及速度的關係，一定會有一定程度
的誤差。

一、皮托管（Pitot Tube）原理。
二、動壓與靜壓的定義。
三、白努力方程式的應用
四、空速的計算。

二、何謂流線（streamline）？痕線（streakline）？及軌跡線（pathline）？試問噴射機在天空留下的飛行雲為何者？在何種狀態下此三者會相同？

解答

（一）流線（stream line）：在流線的每一點的切線方向，為流體分子的速度方向。

痕線（streakline）：流經特定位置的所有質點所形成的軌跡。

軌跡線（pathline）：某一特定質點的真正軌跡。

（二）噴射機在天空留下的飛行雲為痕線。

（三）在穩流狀態下，流線、痕線以及軌跡線，三者必合而為一。

一、流線函數（Stream Function）與流線（stream line）的關係。
二、流線函數（Stream Function）的定義與存在條件。
三、位勢函數（potential Function）的定義與存在條件。

三、一般航空器機翼會加裝襟翼（flap）

（一）試繪出兩種襟翼剖面示意圖。

（二）其操作時對升力和阻力的影響及主要用途為何？

（三）試繪出升力係數（C_L）與機翼衝角（attack angle,α）定性關係圖，並說明襟翼操作時之特性變化。

解答

（一）

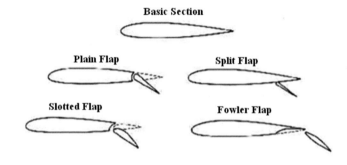

1. 平式襟翼（Plain Flaps）：升力效應較小，現代飛機已較少使用。

2. 開裂式襟翼（Split Flaps）：舊式飛機經常使用之襟翼類型，升力常數較低時阻力係數較大，但隨攻角增大時，阻力係數的增加較小。

3. 開縫式襟翼（Slotted Flaps）：現代最通行之襟翼型式，最常用於小飛機，可產生較簡式襟翼大之升力，此種襟翼的鉸接點位於機翼下的後方，當襟翼放下時，氣流會自襟翼與機翼之間形成的縫流過，避免氣流因大攻角而

導致氣流與機翼上表面分離，造成阻力增加而升力減小，減少機翼失速的情況。

4. 佛勒式襟翼（Fowler Flaps）：現代飛機極為常用之機翼設計，不只改變機翼弧面的形狀，同時增加了機翼的面積。襟翼放下的方式不是靠鉸鍊而是靠後方的軌道滑下。放下第一段時，升力之增加較多，阻力之增加較少，但隨著襟翼放下的愈多，升力的增加愈少，但阻力的增加卻愈來愈少，故而當飛機起飛時，襟翼放下的角度小，而飛機降落時，放下的角度較大，原因即在此。

PS：現代大型飛機使用的襟翼多為佛勒式襟翼型式的複式襟翼，且均有翼縫，以提高大型飛機機翼的升力。

（二）飛機起飛時，展開襟翼可增加翼型彎度來增加升力（當然此一舉動也增加了阻力），讓飛機在低速時即獲得較大的升力，藉以縮短起飛跑道距離。在降落時，展開襟翼可同時增加升力與阻力，使得飛機減低速度並獲得足夠升力。

（三）

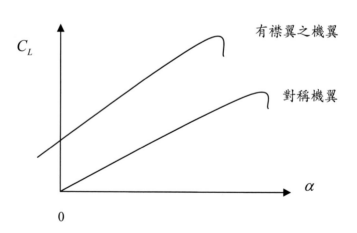

如上圖所示，展開襟翼可藉由增加翼型彎度來增加升力，以符合低速起飛及落地的需求。

可能衍生出的問題 ▶

一、有限機翼升力理論。
二、薄翼理論。
三、二維機翼升力的計算。

四、協和（Concorde）號飛機是世界上至今最高速的載客航空器，最高速度可超過馬赫數 2。請說明何謂跨音速（transonic）？何謂音障？並請繪出超音速航空器其阻力係數與馬赫數之定性關係圖。

解答

（一）我們稱在 $0.8 < M_a < 1.2$ 之速度區域的流場為跨音速（transonic），在此速度區域震波首次出現，整個流場分成次音速流與超音速流。由於流場混合的緣故，欲在跨音速流場做動力飛行，是非常困難。

（二）音障（Sound barrier）：當物體（通常是航空器）的速度接近音速時，將會逐漸追上自己發出的聲波。此時，由於機身對空氣的壓縮無法迅速傳播，將逐漸在飛機的迎風面及其附近區域積累，最終形成空氣中壓力、溫度、速度、密度等物理性質的一個突變面——震波。所以我

們可以將「音障」解釋為"飛機接近音速時，壓迫空氣而產生震波，導致阻力急遽增大的一種物理現象"。

（三）

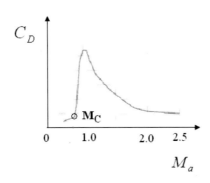

如上圖所示，飛機在到達臨界馬赫數時，由於震波出現，阻力係數急速增加，超過音速後，由於通過音障，阻力係數又再次遞減，大約在馬赫數等於 2 時，阻力係數幾乎不變。

▶ 可能衍生出的問題

一、次音速流、穿音速流與超音速流之意義。
二、臨界馬赫數之意義。
三、震波之意義。
四、阻力的種類與生成原因。
五、次音速航空器之阻力與馬赫數之定性關係圖。
六、誘導阻力與馬赫數之定性關係圖。
七、寄生阻力與馬赫數之定性關係圖。
八、次音速航空器之各種阻力所佔權重。
九、超音速航空器之各種阻力所佔權重。
十、阻力與阻力係數的關係。

97 年民航人員考試試題

一、飛機飛行時主要有那四種力作用在飛機上？由此四種力的
　　角度，敘述飛機為什麼會飛。

解答

（一）飛機飛行時主要有升力、阻力、推力以及重力作用在飛
　　　機上。

（二）飛機起飛是靠引擎的推力產生速度，速度透過機翼的形
　　　狀變化產生升力，當升力與推力向上方向的合力大於重
　　　力，飛機就能起飛爬升，若飛機的推力等於阻力、重力
　　　等於升力，則飛機做等高等速飛行（巡航飛行）。

可能衍生出的問題

一、飛機巡航飛行的條件。
二、飛機巡航速度的計算。

二、繪出一典型機翼剖面（airfoil），標示出「mean camber line」、
　　「camber」、「chord line」及「chord」，並說明各名詞之
　　定義。什麼是「NACA 2412 airfoil」？

解答

（一）

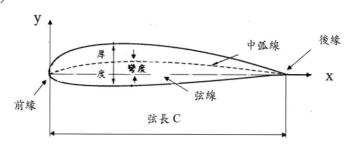

機翼剖面名詞定義

　　如上圖，弦線（Chord line）：前緣與後緣的連線，前緣與後緣之間的距離稱為弦長（chord），中弧線（Mean camber line）：翼型上下表面垂直連線的中點，將所有中點連成的線稱為中弧線。Camber（彎度）：中弧線最大高度與弦線之間的距離。

（二）NACA 2412 airfoil

　　第一個數字代表彎度，以弦長的百分比表示，camber/chord＝2%

　　第二位表示彎度距離前緣的位置，以弦長的 10 分數比表示，4/10。

　　第三位與第四位數合起來是機翼的最大厚度，以弦長的百分比表示，t/c=12/100＝12%

空氣動力學重點整理及歷年考題詳解

可能衍生出的問題

一、其他翼型的名詞定義
二、其他翼型系列命名

三、高爾夫球飛行時，有那兩種阻力作用在球上？由空氣動力
　　學的角度，說明高爾夫球表面為何設計成凹凸面。

解答

（一）高爾夫球在飛行時，有壓力阻力（形狀阻力）與摩擦阻
　　　力二種阻力作用在球上。

（二）由於形狀阻力是由物體前後的壓力梯差所造成，而摩擦
　　　阻力是由流體的黏滯性所造成。由於高爾夫球的速度
　　　大，因此物體前後壓力梯差所造成的形狀阻力（form
　　　drag）佔總阻力的絕大部份，所以用凹凸表面造成紊流
　　　現象，使流體分離（separation point）延後發生，藉以減
　　　少形狀阻力（form drag），雖然凹凸表面會造成摩擦阻
　　　力（shear drag）變大，但由於形狀阻力佔總阻力的絕大
　　　部份，因此總阻力仍然會降低。

可能衍生出的問題

一、航空器所承受的阻力與定義。
二、一般物體所承受的阻力。
三、說明兵乓球表面為何是光滑的設計？
四、航空器之其阻力與馬赫數之定性關係。

四、何謂勢流（potential flow）？何謂速度勢（velocity potential）？

如何由速度勢得到流場之速度分量？在空氣動力學中，速度勢與流線函數（stream function）在應用範圍有那兩方面主要差異？

解答

（一）若流場為二維非旋性流場 ，也就是：$\nabla \times \vec{V} = 0$， 我們稱此流場為勢流（potential flow）。

（二）若流場為二維非旋性流場，則存在$\vec{V} = \nabla \phi$的關係式，ϕ即為速度勢（velocity potential）。

（三）$\vec{V} = \nabla \phi$

（四）速度位勢應用於二維非旋性流場，流線函數應用於二維不可壓縮流場，若二者同時存在，則此二者彼此正交（即成垂直角度）。

可能衍生出的問題

一、流線函數（Stream Function）的定義與存在條件。
二、流線函數（Stream Function）或二維不可壓縮流的判定。
三、利用流線函數求二維流場速度。
四、位勢函數（potential Function）的定義與存在條件。
五、勢流（potential flow）的存在（二維非旋性流場）的判定。
六、利用位勢函數求流場的速度。

五、空氣動力學中，由面積－速度關係$[\frac{dA}{A}=(M^2-1)\frac{du}{u}]$，可得到那些重要訊息？根據面積－速度關係，說明超音速噴射飛機噴嘴（nozzle）設計理念？

解答

（一）M＜1（次音速流），面積變大，速度變小；面積變小，速度變大。

M＞1（超音速流），面積變大，速度變大；面積變小，速度變小。

（二）由上可知，超音速噴射飛機的噴嘴，無法使用漸縮噴嘴（converging nozzle），而必須使用細腰噴嘴（converging-diverging nozzle）。

可能衍生出的問題

一、試述次音速與超音速流場面積與速度及壓力變化的關係

二、試說明為什麼超音速戰機無法用漸縮噴嘴（converging nozzle），而必須使用細腰噴嘴（converging-diverging nozzle）的原因。

六、何謂臨界馬赫數（critical Mach number）？機翼的厚薄與臨界馬赫數大小有何關聯？何謂面積準則（area rule）？在探討可壓縮流中，何謂 Prandtl-Glauert rule？

（一）臨界馬赫數（critical Mach Number）：飛機在接近音速飛行時，隨著飛行速度的增加，上翼面的速度到達音速，此時飛機飛行的馬赫數稱之為臨界馬赫數。

（二）臨界馬赫數與機翼的相對厚度有關，厚度減小，其臨界馬赫數增高，因此現在飛機多使用超臨界翼型機翼。且使用超臨界翼型機翼，機翼上曲面局部超音速現象會被消彌，也就是無震波出現。

（三）穿音速面積定律（Transonic area rule）：飛機在穿音速飛行時，如果沿縱軸的截面積（以從機頭至機尾的飛機中心來看飛機的截面積）的變化曲線越平滑的話，產生的穿音速阻力就會越小。

（四）Prandtl-Glauert rule：建立可壓縮與不可壓縮流中相同翼型的氣動力參數之間的關係，因而得到可壓縮性對同一翼型的影響，其公式為 $\dfrac{C_{P1}}{\sqrt{1-M_{1\infty}^2}} = \dfrac{C_{P2}}{\sqrt{1-M_{2\infty}^2}}$，在此 C_{P1} 為不可壓縮流之壓力係數；C_{P2} 為可壓縮流之壓力係數，M_∞ 為自由流（遠離物體）的馬赫數。

可能衍生出的問題

一、次音速流、穿音速流與超音速流流場的意義。
二、民航機延遲臨界馬赫數的方法。
三、音障與震波的意義。

98 年民航人員考試試題

一、試說明為何近代高性能民航機的巡航速度多設定在穿音速
（Transonic Speed）區間；在此音速附近，翼表面的空氣動
力特徵為何？請以馬赫數為參數，說明升力係數與阻力係
數在由次音速跨越至超音速時的特徵趨勢變化。

解答

（一）飛機在接近音速時，空氣被壓縮而產生震波，其空氣阻
力會驟增。在此速度區域飛行會消耗大量燃油，並且會
影響飛行安全及存在噪音問題，然而近代高性能民航機
多採後掠翼與超臨界翼型機翼，後掠翼可延遲臨界馬赫
數，超臨界翼型機翼除可延遲臨界馬赫數，甚至可消彌
機翼上曲面局部超音速現象，所以一般民航機皆將速度
設定在穿音速區間（大約在馬赫數 0.85 左右）。

（二）飛機在音速附近，機翼上曲面會產生局部超音速現象，
而導致阻力驟增，所以近代高性能民航機為改善飛機巡
航速度受到穿音速時阻力驟增的限制，多採後掠角，並
依據超臨界翼型設計。後掠翼的功用可延遲機翼的臨界
馬赫數到 0.87 左右，而超臨界翼型可使飛機在馬赫數到
0.96 左右，上表面才會出現馬赫數等於 1 的現象，且機
翼上曲面局部超音速現象會被消彌，也就是無震波出現。

（三）依據馬赫數穿音速被定義為 $0.8 < M_a < 1.2$，當跨越此區域時，由於震波之產生，此得阻力係數會驟增，升力係數變小。

可能衍生出的問題

一、次音速流、穿音速流與超音速流流場的意義。
二、臨界馬赫數的意義。
三、民航機延遲臨界馬赫數的方法。
四、音障與震波的意義。

二、雁群飛行時會自然形成一「人」字形狀編隊飛行，試說明其理由為何？在民航界，有人提出為解決機場容量不足，若要增加起降次數，可以採取類似鳥類的編隊飛行模式，你認為可行嗎？請說明可行或不可行的理由。

解答

（一）此即為有限翼展由於上下表面壓力不同會於翼尖處帶出尾渦之問題。雁群飛行時，會於兩側翼尖帶出上升氣流，即左後和右後方會有升力產生，因此後面的幼雁便可利用這股升力來幫助飛行，達到省力效果，也才能做長程飛行。

（二）不可行，因為飛機的體積大、速度快，因此會產生升力很大的尾渦，跟在大飛機後面起降的小飛機，如果距離太近會被捲入大飛機留下翼尖渦流中，而發生墜機事

故。大型噴射客機所產生的翼尖渦流，其體積甚至可以超過一架小飛機，且留下的翼尖渦流有時可以持續數分鐘仍不散去，這也就是機場航管人員管制飛機起降，通常要有一定隔離時間的原因。

三、何謂展弦比（Aspect Ratio）？試說明翼展對空氣動力特性的影響。

解答

（一）展弦比的為翼展平方除以翼展面積之值，若矩形翼則為翼展除以弦長。

（二）對空氣動力特性影響：展弦比大則升阻比大（由升力線理論環量大），所以相對可飛的遠，適合遠程飛行；除此之外，高展弦比機翼的飛機在攻角增加時，升力係數會較低展弦比機翼的飛機增加快，但不易控制，操控性能較低，亦容易過早失速，而且高展弦比機翼的飛機機翼也較易折斷。展弦比小則升阻比小（誘導阻力大），操控性能佳並適合短程，機翼也不會因為高速而折斷。

可能衍生出的問題

一、民航機的機翼為高展弦比機翼或是低展弦比機翼？請試述其理由。

二、一般戰機為高展弦比機翼或是低展弦比機翼？請試述其理由。

三、機翼翼葉切面之各部名詞。

四、說明為何翼剖面（Airfoil）皆選擇尖銳的尾緣（Trailing Edge）
　　設計。

解答

　　　我們在設計機翼時，機翼的前緣，比較圓潤，後緣比較尖
銳，從庫塔條件（Kutta-Condition）來解釋這樣的設計可以產生
向後的逆時針之渦流，從而產生升力。除此之外，此種設計可
以使流經機翼的氣流保持平順，讓機翼的形狀阻力變小，並可
使機翼上方的邊界層（boundary layer, BL）不會突然分離。如果
上方邊界層突然分離，會導致機翼後方產生擾動混合現象，破
壞飛機的升力，使飛機失速。

五、何謂襟翼（Flap）？為何在飛機起降時段皆會放下襟翼，並
　　解釋襟翼角度變化時對機翼升、阻力及空氣動力中心的影響。

解答

（一）民航機的機翼，為了符合低速起飛、落地的需求，在機
　　　翼上裝有高升力（High Lift Devices）裝置，若裝置在機
　　　翼後緣，我們稱之為襟翼（FLAP），藉由展開襟翼來調
　　　節升力或阻力。

（二）飛機起飛時，展開襟翼可增加翼型彎度來增加升力，讓飛機在低速時即獲得較大的升力，藉以縮短起飛跑道距離。在降落時，展開襟翼可同時增加升力與阻力，使得飛機減低速度並獲足夠升力，襟翼角度會大於起飛時角度，來獲得較大之阻力。

（三）襟翼角度變大時（在同一攻角狀態下）會使得升力係數增加，也會使得阻力係數增加。空氣動力中心為一不受攻角影響之位置，當為次音速時，其為 1/4 翼表面位置，超音速時，為 1/2 翼表面位置，當襟翼角度變大時，其翼表面積變大，其空氣動力中心亦會向後移一小部分距離，則此飛機會更趨於穩定。但其襟翼變化影響對空氣動力中心影響不大。

可能衍生出的問題

一、重心與空氣動力中心的關係。
二、有限機翼升力理論。
三、薄翼理論。

100 年民航人員考試試題

一、一般稱誘導阻力（induced drag）為因升力而產生之阻力（drag due to lift），請解釋此阻力之成因為何？

解答

　　所謂誘導阻力是因為機翼的翼端部由於上下壓力差，空氣會從壓力大往壓力小的方向移動，而從旁邊往上翻，因而在兩端產生渦流，因而所產生的阻力。

可能衍生出的問題

一、航空器所承受的阻力與定義。
二、降低誘導阻力的方法。
三、誘導阻力所造成的影響。

二、何謂庫塔條件（Kutta Condition）？試說明其與升力產生的關聯。

解答

（一）所謂庫塔條件（Kutta-Condition）是說對於一個具有尖銳尾緣之翼型而言，流體無法由下表面繞過尾緣而跑到上表面，而翼型上下表面流過來的流體必在後緣會合。如

果後緣夾角不為 0，則後緣為停滯點，表示速度為 V_1 ＝V_2＝0（因為沿流線方向則速度會有兩個方向，對同一後緣點而言不合理，所以只能為 0），如果後緣夾角為 0，同一點 P 相等，則 V_1＝V_2≠0，由上述也可知，在尖尾緣處，其上下翼面的壓力相等。

（二）基於 Kutta 條件，空氣流過機翼前緣（Leading Edge）時，會分成上下兩道氣流，並於機翼尾端（Trailing Edge）會合，所以對於一個正攻角的機翼而言，因為流經機翼的流體無法長期的忍受在尖銳尾緣的大轉彎，因此在流動不久就會離體，造成一個逆時針之渦流，使得流體不會由下表面繞過尾緣而跑到上表面，我們稱此渦流為啟始渦流（starting votex），隨著時間的增加，此渦流會逐漸地散發至下游，而在機翼下方產生平滑的流線，此時升力將完全產生。

三、機翼上之高升力裝置有那些？請舉出兩例並說明其增加升力是應用了那些機制。

解答

（一）民航機的機翼，為了符合高速巡航以及低速起飛、落地的需求，在機翼上裝有高升力（High Lift Devices）裝置，若裝置在機翼前緣，我們稱之為翼條（SLAT），若裝置在機翼後緣，我們稱之為襟翼（FLAP）。

（二）使用翼條可以使失速攻角（或臨界攻角）延後，進而提高升力。使用襟翼主要是增加翼型的彎度來增加升力，讓飛機在低速時即獲得較大的升力，藉由縮短起飛跑道距離，當然使用襟翼增加了機翼面積，也是主因之一。

可能衍生出的問題 ▶

一、飛機基本構造的位置、名稱與功用。
二、襟翼與翼條的作用原理。
三、有限機翼升力理論。
四、薄翼理論。

四、何謂壓力中心（pressure center）與空氣動力中心（aerodynamic center）？

解答

（一）在翼剖面上可以找到一個位置，在此處只有升力和阻力這些空氣動力作用力（aerodynamic forces）而沒有空氣動力力矩（aerodynamic moment），這個位置就是壓力中心（CP, Center of Pressure），換句話說，翼剖面產生的升力和阻力都作用在 CP 上。

（二）一般而言，空氣動力力矩是攻角 α 的函數。但在翼剖面上有一點，會讓力矩不隨著攻角 α 而變，此點就是空氣動力學中心（AC, Aerodynamic Center）

一、重心與空氣動力中心的關係。

二、平衡與穩定的定義。

五、在同一圖中繪出一對稱二維翼形（airfoil）與三維對稱機翼
（wing）的升力係數曲線，亦即，升力係數隨攻角（Angle
of attack）變化（CL vs. α）之分布圖。請標明零升力攻角
所在位置，並解釋此二曲線之異同。

解答

（一）對稱二維翼形（airfoil）與三維對稱機翼（wing）的升力
係數曲線如下圖：

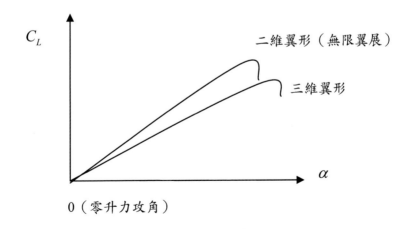

（二）從上圖可知，因二者均為對稱機翼，所以零升力攻角均在攻角 α 為 0 的位置，升力係數曲線均為在到達失速攻角（或臨界攻角）前，升力與攻角成正比；當攻角達到失速攻角（或臨界攻角）時，因為會產生流體分離現象。升力會大幅下降。此時飛機無法再繼續飛行，我們稱之為失速。從上圖可知二維翼形（無限翼展）比三維機翼的升力係數曲線之斜率大，且升力係數曲線之斜率會隨著展弦比的減少而減少。

可能衍生出的問題

一、有限機翼升力理論。
二、薄翼理論。

六、一弦長（chord）為 2 m，翼面積為 16 m^2 之 NACA 0009 機翼於海平面高度（ρ = 1.23 kg/m^3）之速度為 50 m/s。若不考慮翼尖之三維效應，在總升力為 6760 N（牛頓）使用薄翼理論下（$C_L = 2\pi\alpha$），其攻角應該是幾度（degree）？

解答

（一）$L = \dfrac{1}{2}\rho V^2 C_L S \Rightarrow C_L = 2\pi\alpha = \dfrac{L}{\dfrac{1}{2}\rho V^2 S}$

所以 $\alpha = \dfrac{L}{\rho\pi V^2 S} = \dfrac{6760}{1.23 \times 3.1416 \times 50^2 \times 16} = 0.04374$（徑度）

（二）徑度與角度必須互換，α 必須乘 $\dfrac{360}{2\pi}$，才是答案所以 $\alpha = 2.51^0$。

七、一不可壓縮流場之速度為 $u = x^2 + y^2$，$v = -2xy + 3x$。請問是否存在流線函數 φ（stream function）與速度勢 ψ（velocity potential）？若存在，請問為何？

解答

（一）若流場為二維不可壓縮流場，也就是 $\nabla \cdot \vec{V} = 0$，則流線函數存在。

（二）若流場為二維非旋性流場，也就是 $\nabla \times \vec{V} = 0$，則速度勢存在。

（三）故本題則流線函數（stream function）存在，速度勢不存在。

（四）因 $\nabla \cdot \vec{V} = 0 \Rightarrow u = \dfrac{\partial \varphi}{\partial y}; v = -\dfrac{\partial \varphi}{\partial x}$

故可得

$$\varphi = \int^{(y)} u\,dy + f(x) = \int^{(y)} (x^2 + y^2)\,dy + f(x) = x^2 y + \frac{1}{3} y^3 + f(x)$$

由於 $v = -\dfrac{\partial \varphi}{\partial x} = -\dfrac{\partial [x^2 y + \frac{1}{3} y^3 + f(x)]}{\partial x} = -2xy + 3x$

因此 $f(x) = -\int^{(x)} 3x\,dx = -\dfrac{3}{2} x^2 + c$

所以流線函數 $\varphi = x^2 y + \dfrac{1}{3} y^3 - \dfrac{3}{2} x^2 + c$

一、利用流線函數求二維流場速度。

二、利用位勢函數求流場的速度。

三、流線函數與位勢函數的成立條件。

應用科學類　PB0019

空氣動力學重點整理及歷年考題詳解
——民航特考：航務管理考試用書

作　　者 / 陳大達（筆名：小瑞老師）
責任編輯 / 黃姣潔
圖文排版 / 郭雅雯
封面設計 / 王嵩賀

發 行 人 / 宋政坤
法律顧問 / 毛國樑　律師
出版發行 / 秀威資訊科技股份有限公司
　　　　　114 台北市內湖區瑞光路 76 巷 65 號 1 樓
　　　　　電話：+886-2-2796-3638　傳真：+886-2-2796-1377
　　　　　http://www.showwe.com.tw
劃撥帳號 / 19563868　戶名：秀威資訊科技股份有限公司
　　　　　讀者服務信箱：service@showwe.com.tw
展售門市 / 國家書店（松江門市）
　　　　　104 台北市中山區松江路 209 號 1 樓
　　　　　電話：+886-2-2518-0207　傳真：+886-2-2518-0778
網路訂購 / 秀威網路書店：http://www.bodbooks.com.tw
　　　　　國家網路書店：http://www.govbooks.com.tw

2013 年 4 月 BOD 一版
定價：360 元
版權所有　翻印必究
本書如有缺頁、破損或裝訂錯誤，請寄回更換

國家圖書館出版品預行編目

空氣動力學重點整理及歷年考題詳解 / 陳大達著.-- 一版.
　-- 臺北市：秀威資訊科技, 2013.04
　　面；　公分. -- (應用科學類；PB0019)
　BOD 版
　ISBN 978-986-326-081-3(平裝)

　1. 氣體動力學　2. 航空力學

447.55　　　　　　　　　　　　　　　　102002773

讀者回函卡

感謝您購買本書，為提升服務品質，請填妥以下資料，將讀者回函卡直接寄回或傳真本公司，收到您的寶貴意見後，我們會收藏記錄及檢討，謝謝！如您需要了解本公司最新出版書目、購書優惠或企劃活動，歡迎您上網查詢或下載相關資料：http:// www.showwe.com.tw

您購買的書名：＿＿＿＿＿＿＿＿＿＿＿＿＿＿＿＿＿＿＿＿＿＿＿＿＿＿＿

出生日期：＿＿＿＿＿年＿＿＿＿＿月＿＿＿＿＿日

學歷：□高中 (含) 以下　　□大專　　□研究所 (含) 以上

職業：□製造業　□金融業　□資訊業　□軍警　□傳播業　□自由業
　　　□服務業　□公務員　□教職　　□學生　□家管　　□其它＿＿＿＿

購書地點：□網路書店　□實體書店　□書展　□郵購　□贈閱　□其他

您從何得知本書的消息？

　□網路書店　□實體書店　□網路搜尋　□電子報　□書訊　□雜誌
　□傳播媒體　□親友推薦　□網站推薦　□部落格　□其他＿＿＿＿＿＿

您對本書的評價：（請填代號　1.非常滿意　2.滿意　3.尚可　4.再改進）

　封面設計＿＿＿　版面編排＿＿＿　內容＿＿＿　文／譯筆＿＿＿　價格＿＿＿

讀完書後您覺得：

　□很有收穫　□有收穫　□收穫不多　□沒收穫

對我們的建議：＿＿＿＿＿＿＿＿＿＿＿＿＿＿＿＿＿＿＿＿＿＿＿＿＿＿＿

＿＿＿＿＿＿＿＿＿＿＿＿＿＿＿＿＿＿＿＿＿＿＿＿＿＿＿＿＿＿＿＿＿＿

＿＿＿＿＿＿＿＿＿＿＿＿＿＿＿＿＿＿＿＿＿＿＿＿＿＿＿＿＿＿＿＿＿＿

＿＿＿＿＿＿＿＿＿＿＿＿＿＿＿＿＿＿＿＿＿＿＿＿＿＿＿＿＿＿＿＿＿＿

11466
台北市內湖區瑞光路 76 巷 65 號 1 樓

秀威資訊科技股份有限公司　　　收

BOD 數位出版事業部

....

（請沿線對折寄回，謝謝！）

姓　　名：＿＿＿＿＿＿＿＿＿　年齡：＿＿＿＿　性別：□女　□男

郵遞區號：□□□□□

地　　址：＿＿＿＿＿＿＿＿＿＿＿＿＿＿＿＿＿＿＿＿＿＿＿

聯絡電話：(日) ＿＿＿＿＿＿＿＿＿＿　(夜) ＿＿＿＿＿＿＿＿＿＿

E - m a i l：＿＿＿＿＿＿＿＿＿＿＿＿＿＿＿＿＿＿＿＿＿＿